대구교통공사

기계일반

제1회 모의고사

성명		생년월일	
문제 수(배점)	80문항	풀이시간	/ 80분
영역	직업기초능력평가, 전공과목(기계일반)		
비고	객관식 5지선다형		

※ 유의사항

• 문제지 및 답안지의 해당란에 문제유형, 성명, 응시번호를 정확히 기재하세요.

• 모든 기재 및 표기사항은 "컴퓨터용 흑색 수성 사인펜"만 사용합니다.

• 예비 마킹은 중복 답안으로 판독될 수 있습니다.

대구교통공사 필기시험 모의고사

✎ **직업기초능력평가(40문항)**

1. 다음 중 표준어로만 묶인 것은?

① 사글세, 멋쟁이, 아지랭이, 윗니
② 웃어른, 으레, 상판때기, 고린내
③ 딴전, 어저께, 가엾다, 귀이개
④ 주근깨, 코빼기, 며칠, 가벼히
⑤ 뭇국, 느즈감치, 마늘종, 통째로

2. 다음 중 맞춤법이 틀린 문장은?

① 준희는 고약한 구두쇠이다. 그러므로 그는 돈을 많이 모았다.
② 그녀는 얼마 전 그와 헤어졌다. 그러므로 그녀는 지금 외롭다.
③ 법에 근거하여 내린 판결이다. 그러므로 아무리 억울하여도 어쩔 수 없다.
④ 혜림은 목 놓아 울었다. 그러므로 스트레스를 해소하였다.
⑤ 정의는 언제나 승리한다. 그러므로 우리가 승리한다.

3. 밑줄 친 부분이 어법에 맞게 표기된 것은?

① 박 사장은 자기 돈이 어떻게 <u>쓰여지는 지</u>도 몰랐다.
② 그녀는 조금만 <u>추어올리면</u> 기고만장해진다.
③ <u>나룻터</u>는 이미 사람들로 가득 차 있었다.
④ 우리들은 <u>서슴치</u> 않고 차에 올랐다.
⑤ 구렁이가 <u>또아리</u>를 틀고 있다.

4. 다음 중 제시된 문장의 빈칸에 들어갈 단어로 알맞은 것을 고르시오.

> • 정부는 저소득층을 위한 새로운 경제 정책을 (   )했다.
> • 불우이웃돕기를 통해 총 1억 원의 수익금이 (   )되었다.
> • 청소년기의 중요한 과업은 자아정체성을 (   )하는 것이다.

① 수립(樹立) – 정립(正立) – 확립(確立)
② 수립(樹立) – 적립(積立) – 확립(確立)
③ 확립(確立) – 적립(積立) – 수립(樹立)
④ 기립(起立) – 적립(積立) – 수립(樹立)
⑤ 확립(確立) – 정립(正立) – 설립(設立)

5. 다음 글의 중심 내용으로 가장 적절한 것을 고르시오.

언제부터인가 이곳 속초 청호동은 본래의 지명보다 '아바이 마을'이라는 정겨운 이름으로 불리고 있다. 함경도식 먹을거리로 유명해진 곳이기도 하지만 그 사람들의 삶과 문화가 제대로 알려지지 않은 동네이기도 하다. 속초의 아바이 마을은 대한민국의 실향민 집단 정착촌을 대표하는 곳이다. 한국 전쟁이 한창이던 1951년 1·4 후퇴 당시, 함경도에서 남쪽으로 피난 왔던 사람들이 휴전과 함께 사람이 거의 살지 않던 이곳 청호동에 정착해 살기 시작했다.

동해는 사시사철 풍부한 어종이 잡히는 고마운 곳이다. 봄 바다를 가르며 달려 도착한 곳에서 고기가 다니는 길목에 설치한 '어울'을 끌어올려 보니, 속초의 봄 바다가 품고 있던 가자미들이 나온다. 다른 고기는 나오다 안 나오다 하지만 이 가자미는 일 년 열두 달 꾸준히 난다. 동해를 대표하는 어종 중에 명태는 12월에서 4월, 도루묵은 10월에서 12월, 오징어는 9월에서 12월까지 주로 잡는다. 하지만 가자미는 사철 잡히는 생선으로, 어부들 말로는 그 자리를 지키고 있는 '자리고기'라 한다.

청호동에서 가자미식해를 담그는 광경은 이젠 낯선 일이 아니라 할 만큼 유명세를 탔다. 함경도 대표 음식인 가자미식해가 속초에서 유명하다는 것은 입맛이 정확하게 고향을 기억한다는 것과 상통한다. 속초에 새롭게 터전을 잡은 함경도 사람들은 고향 음식이 그리웠다. 가자미식해를 만들어 상에 올렸고, 이 밥상을 마주한 속초 사람들은 배타심이 아닌 호감으로 다가섰고, 또 판매를 권유하게 되면서 속초의 명물로 재탄생하게 된 것이다.

① 속초 자리고기의 유래
② 속초의 아바이 마을과 가자미식해
③ 아바이 마을의 밥상
④ 청호동 주민과 함경도 실향민의 화합
⑤ 속초 명물 탄생의 비화

6. 다음 글의 제목으로 가장 적절한 것을 고르시오.

프랑스는 1999년 고용상의 남녀평등을 강조한 암스테르담 조약을 인준하고 국내법에 도입하여 시행하였으며, 2006년에는 양성 간 임금 격차축소와 일·가정 양립을 주요한 목표로 삼는 '남녀 임금평등에 관한 법률'을 제정하였다. 이 법에서는 기업별, 산업별 교섭에서 남녀 임금격차 축소에 대한 내용을 포함하도록 의무화하고, 출산휴가 및 입양휴가 이후 임금 미상승분을 보충하도록 하고 있다. 스웨덴은 사회 전반에서 기회·권리 균등을 촉진하고 각종 차별을 방지하기 위한 '차별법'(The Discrimination Act) 시행을 통해 남녀의 차별을 시정하였다. 또한 신축적인 파트타임과 출퇴근시간 자유화, 출산 후 직장복귀 등을 법제화하였다. 나아가 공공보육시설 무상 이용(평균보육료부담 4%)을 실시하고 보편적 아동수당과 저소득층에 대한 주택보조금 지원 정책도 시행하고 있다. 노르웨이 역시 특정 정책보다는 남녀평등 분위기 조성과 일과 양육을 병행할 수 있는 사회적 환경 조성이 출산율을 제고하는 데 기여하였다. 한편 일본은 2005년 신신(新新)엔젤플랜을 발족하여 보육환경을 개선함으로써 여성의 경제활동을 늘리고, 남성의 육아휴직, 기업의 가족지원 등을 장려하여 저출산 문제의 극복을 위해 노력하고 있다.

① 각 국의 근로정책 소개
② 선진국의 남녀 평등문화
③ 남녀평등에 관한 국가별 법률 현황
④ 남녀가 평등한 문화 및 근로정책
⑤ 국가별 근로정책의 도입 시기

7. 다음 괄호 안에 알맞은 접속사를 고르시오.

오늘날의 문화는 인간관계에서 집단 이기주의가 갖는 힘과 범위 그리고 지속성을 깨닫지 못하고 있다. 한 집단에 속하는 개인들 간의 관계를 순전히 도덕적이고 합리적인 조정과 설득에 의해 확립하는 일이 쉽지는 않을지라도 전혀 불가능한 것은 아니다. ( ) 집단과 집단 사이에서는 이런 일이 결코 이루어질 수 없다. ( ) 집단들 간의 관계는 항상 윤리적이기보다는 지극히 정치적이다. ( ) 그 관계는 각 집단의 요구와 필요성을 비교, 검토하여 도덕적이고 합리적인 판단에 의해서 수립되는 것이 아니라 각 집단이 갖고 있는 힘의 비율에 따라 수립된다.

① 그러나, 따라서, 즉
② 그러나, 게다가, 오히려
③ 그런데, 따라서, 왜냐하면
④ 그런데, 게다가, 그러므로
⑤ 그리고, 따라서, 왜냐하면

8. 다음 중 밑줄 친 부분의 단어를 대체할 수 있는 것은?

원시인들은 어떻게 그런 자연적 경향으로부터 벗어날 수 있었을까? 폴 라댕은 「철학자로서의 원시인」이라는 저서에서 원시인에게는 두 가지 유형의 기질이 있다고 주장하였다. 하나는 행동하는 인간으로, 이들은 주로 외부의 대상에 정신을 집중하고 실용적인 결과에만 관심이 있으며 내면에서 벌어지는 동요에 대해서는 무관심한 사람이다. 또 다른 유형은 생각하는 인간으로, 늘 세계를 분석하고 설명하고 싶어하는 사람이다. 행동하는 인간은 '설명' 그 자체에 별 관심이 없으며, 설령 설명한다고 해도 사건 사이의 기계적인 관계만을 설명하려 한다. 즉 그들은 동일 사건의 무한한 반복을 바탕에 두고 반복으로부터의 일탈을 급격한 변화로 받아들일 수밖에 없었다. 반면 생각하는 인간은 기계적인 설명을 벗어나 '하나'에서 '여럿'으로, '단순'에서 '복잡'으로, '원인'에서 '결과'로 서서히 변해간다고 설명하려 한다. 그러나 이 과정에서 외부 대상의 끊임없는 변화에 역시 당황해 할 수밖에 없다. 그래서 대상을 조직적으로 파악하기 위해 대상에 영원 불변의 형태를 부여해야만 했고, 그 결과 세상을 정적인 어떤 것으로 만들어야만 했던 것이다.

즉, 대상의 본질은 변하지 않는 것이라고 믿고 싶어하는 '무시간적 사고'는 인간의 사고에 깊이 뿌리내린 사상으로 자리 잡게 되었다. 생각하는 인간은 이 세상을 합리적으로 규명하기 위해 과거의 기억을 바탕으로 늘 변모하는 사건들의 패턴 뒤에 숨어 있는 영원한 요소를 찾아내려고 했으며, 또한 미래에도 동일하게 그런 요소가 존재할 것이라는 믿음을 지닐 수 있었던 것이다. 이러한 과정을 통해 인간은 시간을 통해서 자신의 모습을 인식할 수 있게 되었다. 즉 인간이 자기 인식을 할 수 있는 존재, 자기 정체성을 확인하는 존재로 거듭나게 된 것이다.

① 의표(意表)　　② 당위(當爲)
③ 현혹(眩惑)　　④ 의문(疑問)
⑤ 당혹(當惑)

9. 다음의 내용을 근거로 할 때 유추할 수 있는 옳은 내용만을 바르게 짝지은 것은?

갑과 을은 O×퀴즈를 풀었다. 문제는 총 8문제(100점 만점)이고, 분야별 문제 수와 문제당 배점은 다음과 같다.

분야	문제 수	문제당 배점
한국사	6	10점
경제	1	20점
예술	1	20점

문제 순서는 무작위로 정해지고, 갑과 을이 각 문제에 대해 O 또는 ×를 다음과 같이 선택하였다.

문제	갑	을
1	O	O
2	×	O
3	O	O
4	O	×
5	×	×
6	O	×
7	×	O
8	O	O
총점	80점	70점

㉠ 갑과 을은 모두 경제 문제를 틀린 경우가 있을 수 있다.
㉡ 갑만 경제 문제를 틀렸다면, 예술 문제는 갑과 을 모두 맞혔다.
㉢ 갑이 역사 문제 두 문제를 틀렸다면, 을은 예술 문제와 경제 문제를 모두 맞혔다.

① ㉡
② ㉢
③ ㉠㉡
④ ㉠㉢
⑤ ㉠㉡㉢

10. 다음은 맛집 정보와 평가 기준을 정리한 표이다. 이 자료를 바탕으로 판단할 때 총점이 가장 높은 음식점은 어디인가?

평가 항목 / 음식점	음식 종류	이동 거리	1인분 가격	평점 (★ 5개 만점)	예약 가능 여부
북경반점	중식	150m	7,500원	★★☆	O
샹젤리제	양식	170m	8,000원	★★★	O
경복궁	한식	80m	10,000원	★★★★	×
아사이타워	일식	350m	9,000원	★★★★☆	×
광화문	한식	300m	12,000원	★★★★★	×

※ ☆은 ★의 반개다.

◎ 평가항목 중 이동거리, 가격, 맛 평점에 대하여 각 항목별로 5, 4, 3, 2, 1점을 각각의 음식점에 하나씩 부여한다.
• 이동거리가 짧은 음식점일수록 높은 점수를 준다.
• 가격이 낮은 음식점일수록 높은 점수를 준다.
• 맛 평점이 높은 음식점일수록 높은 점수를 준다.
◎ 평가 항목 중 음식종류에 대하여 일식 5점, 한식 4점, 양식 3점, 중식 2점을 부여한다.
◎ 예약이 가능한 경우 가점 1점을 부여한다.
◎ 총점은 음식종류, 이동거리, 가격, 맛 평점의 4가지 평가 항목에서 부여받은 점수와 가점을 합산하여 산출한다.

① 북경반점
② 샹젤리제
③ 경복궁
④ 아사이타워
⑤ 광화문

11. 다음 조건을 바탕으로 B의 사무실과 식당이 위치한 곳을 순서대로 짝지은 것은?

• A, B, C는 각각 5동, 6동, 7동 중 한 곳에 사무실이 있으며 겹치지 않는다.
• 세 명은 각각 3개 동 중 한 곳에 있는 식당에 갔으며, 서로 같은 식당에 가지 않았다.
• 세 명이 근무하는 곳과 갔던 식당의 위치는 겹치지 않는다.
• B는 C가 갔던 식당이 있는 동에서 근무한다.
• C는 7동에서 근무하며, A와 B는 어제 6동 식당에 가지 않았다.

① 6동, 5동　　　　　② 6동, 7동

③ 5동, 5동　　　　　④ 5동, 6동

⑤ 5동, 7동

12. 다음은 영철이가 작성한 A, B, C, D 네 개 핸드폰의 제품별 사양과 사양에 대한 점수표이다. 다음 표를 본 영미가 〈보기〉와 같은 상황에서 선택하기에 가장 적절한 제품과 가장 적절하지 않은 제품은 각각 어느 것인가?

구분	A	B	C	D
크기	153.2×76.1 ×7.6	154.4×76 ×7.8	154.4×75.8 ×6.9	139.2×68.5 ×8.9
무게	171g	181g	165g	150g
RAM	4GB	3GB	4GB	3GB
저장공간	64GB	64GB	32GB	32GB
카메라	16Mp	16Mp	8Mp	16Mp
배터리	3,000mAh	3,000mAh	3,000mAh	3,000mAh
가격	653,000원	616,000원	599,000원	549,000원

〈사양별 점수표〉

무게	160g 이하	161~180g	181~200g	200g 이상
	20점	18점	16점	14점
RAM	3GB		4GB	
	15점		20점	
저장 공간	32GB		64GB	
	18점		20점	
카메라	8Mp		16Mp	
	8점		20점	
가격	550,000원 미만	550,000 ~600,000원 미만	600,000~650,000 원 미만	650,000원 이상
	20점	18점	16점	14점

"나도 이번에 핸드폰을 바꾸려 하는데, 내가 가장 중요하게 생각하는 조건은 저장 공간이야. 그 다음으로는 무게가 가벼웠으면 좋겠고, 다음 카메라 기능이 좋은 걸 원하지. 음...다른 기능은 전혀 고려하지 않지만, 저장 공간, 무게, 카메라 기능에 각각 가중치를 30%, 20%, 10% 추가 부여하는 정도라고 볼 수 있어."

① A제품과 D제품　　　② B제품과 C제품

③ A제품과 C제품　　　④ B제품과 A제품

⑤ A제품과 B제품

13. 양 과장은 휴가를 맞아 제주도로 여행을 떠나려고 한다. 가족 여행이라 짐이 많을 것을 예상한 양 과장은 제주도로 운항하는 5개의 항공사별 수하물 규정을 다음과 같이 검토하였다. 다음 규정을 참고할 때, 양 과장이 판단한 것으로 올바르지 않은 것은?

	화물용	기내 반입용
갑항공사	A+B+C=158cm 이하, 각 23kg, 2개	A+B+C=115cm 이하, 10kg~12kg, 2개
을항공사		A+B+C=115cm 이하, 10kg~12kg, 1개
병항공사	A+B+C=158cm 이하, 20kg, 1개	A+B+C=115cm 이하, 7kg~12kg, 2개
정항공사	A+B+C=158cm 이하, 각 20kg, 2개	A+B+C=115cm 이하, 14kg 이하, 1개
무항공사		A+B+C=120cm 이하, 14kg~16kg, 1개

* A, B, C는 가방의 가로, 세로, 높이의 길이를 의미함.

① 기내 반입용 가방이 최소한 2개는 되어야 하니 일단 갑, 병항공사밖엔 안 되겠군.

② 가방 세 개 중 A+B+C의 합이 2개는 155cm, 1개는 118cm 이니 무항공사 예약상황을 알아봐야지.

③ 무게로만 따지면 병항공사보다 을항공사를 이용하면 더 많은 짐을 가져갈 수 있겠군.

④ 가방의 총 무게가 55kg을 넘어갈 테니 반드시 갑항공사를 이용해야겠네.

⑤ A+B+C의 합이 115cm인 13kg 가방 2개를 기내에 가지고 탈 수 있는 방법은 없겠군.

14. R공사에서는 신입사원 2명을 채용하기 위하여 서류와 필기 전형을 통과한 갑, 을, 병, 정 네 명의 최종 면접을 실시하려고 한다. 아래 표와 같이 네 개 부서의 팀장이 각각 네 명을 모두 면접하여 최종 선정 우선순위를 결정하였다. 면접 결과에 대한 〈보기〉와 같은 설명 중 적절한 것을 모두 고른 것은?

	A팀장	B팀장	C팀장	D팀장
최종 선정자 (1/2/3/4순위)	을/정/갑/병	갑/을/정/병	을/병/정/갑	병/정/갑/을

* 우선순위가 높은 사람 순으로 2명을 채용하며, 동점자는 A, B, C, D팀장 순으로 부여한 고순위자로 결정함.
* 팀장별 순위에 대한 가중치는 모두 동일하다.

〈보기〉
㉠ '을' 또는 '정' 중 한 명이 입사를 포기하면 '갑'이 채용된다.
㉡ A팀장이 '을'과 '정'의 순위를 바꿨다면 '갑'이 채용된다.
㉢ B팀장이 '갑'과 '병'의 순위를 바꿨다면 '정'은 채용되지 못한다.

① ㉠
② ㉠, ㉢
③ ㉡, ㉢
④ ㉠, ㉡
⑤ ㉠, ㉡, ㉢

15. 홍보팀 백 대리는 회사 행사를 위해 연회장을 예약하려 한다. 연회장의 현황과 예약 상황이 다음과 같을 때, 연회장에 예약 문의를 한 백 대리의 아래 질문에 대한 연회장 측의 회신 내용에 포함되기에 적절하지 않은 것은?

〈연회장 시설 현황〉

구분	최대 수용 인원(명)	대여 비용(원)	대여 가능 시간
A	250	500,000	3시간
B	250	450,000	2시간
C	200	400,000	3시간
D	150	350,000	2시간

* 연회장 정리 직원은 오후 10시에 퇴근함
* 시작 전과 후 준비 및 청소 시간 각각 1시간 소요, 연이은 사용의 경우 중간 1시간 소요.

〈연회장 예약 현황〉

일	월	화	수	목	금	토
			1 A 10시 B 16시	2 B 19시 D 18시	3 C 15시 D 16시	4 A 11시 B 12시
5	6 B 17시 C 18시	7	8 A 18시 D 16시	9 C 15시	10 C 16시 D 11시	11
12	13 C 15시 D 16시	14 A 16시	15 D 18시 A 15시	16	17 B 18시 D 17시	18

〈백 대리 요청 사항〉

안녕하세요?
연회장 예약을 하려 합니다. 주말과 화, 목요일을 제외하고 가능한 날이면 언제든 좋습니다. 참석 인원은 180~220명 정도 될 것 같고요, 오후 6시에 저녁 식사를 겸해서 2시간 정도 사용하게 될 것 같습니다. 물론 가급적 저렴한 연회장이면 더 좋겠습니다. 회신 부탁드립니다.

① 가능한 연회장 중 가장 저렴한 가격을 원하신다면 월요일은 좀 어렵겠습니다.

② 6일은 가장 비싼 연회장만 가능한 상황입니다.

③ 인원이 200명을 넘지 않으신다면 가장 저렴한 연회장을 사용하실 수 있는 기회가 네 번 있습니다.

④ 8일과 15일은 사용하실 수 있는 잔여 연회장 현황이 동일합니다.

⑤ A, B 연회장은 원하시는 날짜에 언제든 가능합니다.

16. 다음 글과 〈평가 내역〉을 근거로 한 〈보기〉와 같은 내용 중 적절하지 않은 것을 모두 고른 것은?

'갑시(市)'에는 A, B, C, D 네 개의 사회인 야구팀이 있으며 시에서는 야구 활성화를 위해 네 개 야구팀에 각종 지원을 하고 있다. 매년 네 개 야구팀에 대한 평가를 실시하여 종합 순위를 산정한 후, 1∼2위 팀에게는 시에서 건설한 2개의 시립 야구장에 대한 매주 일요일 각각 2회의 이용을 허가해 주고 있으며, 3위 팀까지는 다음 해의 전국 대회 출전 자격이 부여된다. 4위를 한 팀에게는 장비 구입 지원 금액이 30% 삭감되며, 순위가 오르면 다음 해의 지원 금액이 다시 원상 복귀된다.

평가 방법은 다음 표와 같이 네 개 항목을 기준으로 점수를 부여하고 항목별 가중치를 곱한 값을 부여된 점수에 합산하여 총점을 산출한다.

〈올 해의 팀별 평가 내역〉

평가 항목(가중치)	A팀	B팀	C팀	D팀
팀 성적(0.3)	65	80	75	85
연간 경기 횟수(0.2)	90	95	85	90
사회공헌활동(0.3)	90	75	85	80
지역 인지도(0.2)	95	85	95	85

〈보기〉

㉠ 내년에는 C팀과 D팀이 매주 일요일 시립 야구장을 사용하게 된다.

㉡ 팀 성적과 연간 경기 횟수에 대한 가중치가 바뀐다면 지원금이 삭감되는 팀도 바뀌게 된다.

㉢ 내년 '갑'시에서 전국 대회에 출전할 팀은 A, C, D팀이다.

㉣ 지역 인지도 점수가 네 팀 모두 동일하다면 세 개 팀의 순위가 달라진다.

① ㉠, ㉢, ㉣

② ㉡, ㉢, ㉣

③ ㉠, ㉡, ㉢

④ ㉠, ㉡, ㉣

⑤ ㉠, ㉡, ㉢, ㉣

17. 아래의 그림은 커뮤니케이션 네트워크의 한 형태를 나타낸 것이다. 이와 관련하여 X 경찰서 민원실에 근무하는 5명의 직원들이 나눈 대화 중 옳은 내용을 말하고 있는 사람을 고르면?

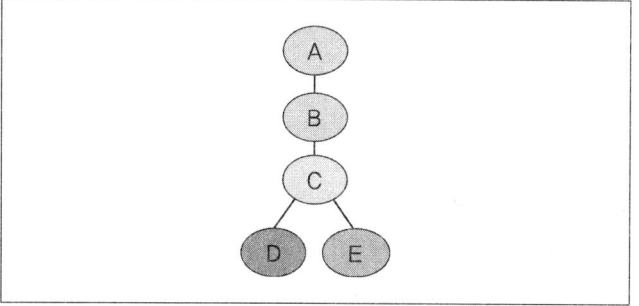

① A 순경 : 지역적으로 분리되어 있거나 또는 자유방임적인 상태에서 함께 일하는 구성원 사이에서 이런 형태의 커뮤니케이션은 흔히 나타납니다.

② B 경장 : 문제의 성격이 간단하면서도 일상적일 시에만 유효하며, 문제가 복잡하면서도 어려운 때에는 그 유효성이 발휘되지 않습니다.

③ C 경사 : 정보수집 및 문제해결 등이 비교적 느리며 중간에 위치한 구성원을 제외하고는 주변에 위치한 구성원들의 만족감이 비교적 낮다는 평가를 받고 있죠

④ D 경위 : 구성원들 사이의 정보교환이 완전히 이루어지는 유형입니다.

⑤ E 경감 : 주로 세력집단의 리더가 커뮤니케이션의 중심적인 역할을 맡고, 비세력 또는 하위집단 등에도 연결되어 전체적인 커뮤니케이션 망을 형성하게 된다는 것을 알 수 있죠

18. 무역회사에 근무하는 팀장 S씨는 오전 회의를 통해 신입사원 O가 작성한 견적서를 살펴보았다. 그러던 중 다른 신입사원에게 지시한 주문양식이 어떻게 진행되고 있는지를 묻기 위해 신입사원 M을 불렀다. M은 "K가 제대로 주어진 업무를 하지 못하고 있어서 저는 아직까지 계속 기다리기만 합니다. 그래서 아직 완성하지 못했습니다."라고 하였다. 그래서 K를 불러 물어보니 "M의 말은 사실이 아닙니다."라고 변명을 하고 있다. 팀장 S씨가 할 수 있는 가장 효율적인 대처방법은?

① 사원들 간의 피드백이 원활하게 이루어지는지 확인한다.

② 팀원들이 업무를 하면서 서로 협력을 하는지 확인한다.

③ 의사결정 과정에 잘못된 부분이 있는지 확인한다.

④ 중재를 하고 문제를 무엇인지 확인한다.

⑤ 팀원들이 어떻게 갈등을 해결하는지 지켜본다.

19. 다음 중 이미지 메이킹에 관한 내용으로 옳지 않은 것은?

① 개인이 추구하고자 하는 목표를 이루기 위해서 스스로 자기 이미지를 통합적으로 관리하는 것이다.

② 자기가치를 발견하고 이를 최고의 삶으로 만들어 가기 위한 전 분야에 걸친 자기 삶의 총체적인 경영전략이다.

③ 현대생활예절은 구체적인 방식 및 규칙 등을 여러 다양한 측면에서 제공한다.

④ 비언어적 커뮤니케이션 수단이며, 소극적인 의사소통행위이다.

⑤ 이미지의 체득은 시각 및 청각 등을 총괄한 미적체험 및 미적인식 오감에 호소하는 자기관리의 출발로 감성경영을 포함한다.

20. 협상에 있어 상대방을 설득시키는 일은 필수적이며 그 방법은 상황과 상대방에 따라 매우 다양하게 나타난다. 이에 따라 상대방을 설득하기 위한 협상 전략은 몇 가지로 구분될 수 있다. 협상 시 상대방을 설득시키기 위하여 상대방 관심사에 대한 정보를 확인 후 해당 분야의 전문가를 동반 참석시켜 우호적인 분위기를 이끌어낼 수 있는 전략은 어느 것인가?

① 호혜관계 형성 전략　　　② 권위 전략

③ 반항심 극복 전략　　　④ 헌신과 일관성 전략

⑤ 사회적 입증 전략

21. 다음 두 조직의 특성을 참고할 때, '갈등관리' 차원에서 본 두 조직에 대한 설명으로 적절하지 않은 것은?

> 감사실은 늘 조용하고 직원들 간의 업무적 대화도 많지 않아 전화도 큰소리로 받기 어려운 분위기다. 다들 무언가를 열심히 하고는 있지만 직원들끼리의 교류나 상호작용은 찾아보기 힘들고 왠지 활기찬 느낌은 없다. 그렇지만 직원들끼리 반목과 불화가 있는 것은 아니며, 부서장과 부서원들 간의 관계도 나쁘지 않아 큰 문제없이 맡은 바 임무를 수행해 나가기는 하지만 실적이 좋지는 않다.
> 반면, 빅데이터 운영실은 하루 종일 떠들썩하다. 한쪽에선 시끄러운 전화소리와 고객과의 마찰로 빚어진 언성이 오가며 여기저기 조직원들끼리의 대화가 끝없이 이어진다. 일부 직원은 부서장에게 꾸지람을 듣기도 하고 한쪽에선 직원들 간의 의견 충돌을 해결하느라 열띤 토론도 이어진다. 어딘가 어수선하고 집중력을 요하는 일은 수행하기 힘든 분위기처럼 느껴지지만 의외로 업무 성과는 우수한 조직이다.

① 감사실은 조직 내 갈등이나 의견 불일치 등의 문제가 거의 없어 이상적인 조직으로 평가될 수 있다.

② 빅데이터 운영실에서는 갈등이 새로운 해결책을 만들어주는 기회를 제공한다.

③ 감사실은 갈등수준이 낮아 의욕이 상실되기 쉽고 조직성과가 낮아질 수 있다.

④ 빅데이터 운영실은 생동감이 넘치고 문제해결 능력이 발휘될 수 있다.

⑤ 두 조직의 차이점에서 '갈등의 순기능'을 엿볼 수 있다.

22. 갈등이 증폭되는 일반적인 원인이 아닌 것은?

① 승·패의 경기를 시작

② 승리보다 문제 해결을 중시하는 태도

③ 의사소통의 단절

④ 각자의 입장만을 고수하는 자세

⑤ 적대적 행동

23. 협상과정을 순서대로 바르게 나열한 것은?

① 협상 시작 → 상호 이해 → 실질 이해 → 해결 대안 → 합의 문서

② 협상 시작 → 상호 이해 → 실질 이해 → 합의 문서 → 해결 대안

③ 협상 시작 → 실질 이해 → 상호 이해 → 해결 대안 → 합의 문서

④ 협상 시작 → 실질 이해 → 상호 이해 → 합의 문서 → 해결 대안

⑤ 협상 시작 → 실질 이해 → 해결 대안 → 상호 이해 → 합의 문서

24. 조직 사회에서 일어나는 갈등을 해결하는 방법 중 문제를 회피하지 않으면서 상대방과의 대화를 통해 동등한 만큼의 목표를 서로 누리는 두 가지 방법이 있다. 이 두 가지 갈등해결방법에 대한 다음의 설명 중 빈칸에 들어갈 알맞은 말은?

> 첫 번째 유형은 자신에 대한 관심과 상대방에 대한 관심이 중간정도인 경우로서, 서로가 받아들일 수 있는 결정을 하기 위하여 타협적으로 주고받는 방식을 말한다. 즉, 갈등 당사자들이 반대의 끝에서 시작하여 중간 정도 지점에서 타협하여 해결점을 찾는 것이다.
> 두 번째 유형은 협력형이라고도 하는데, 자신은 물론 상대방에 대한 관심이 모두 높은 경우로서 '나도 이기고 너도 이기는 방법(win-win)'을 말한다. 이 방법은 문제해결을 위하여 서로 간에 정보를 교환하면서 모두의 목표를 달성할 수 있는 '윈윈' 해법을 찾는다. 아울러 서로의 차이를 인정하고 배려하는 신뢰감과 공개적인 대화를 필요로 한다. 이 유형이 가장 바람직한 갈등해결 유형이라 할 수 있다. 이러한 '윈윈'의 방법이 첫 번째 유형과 다른 점은 (   )는 것이며, 이것을 '윈윈 관리법'이라고 한다.

① 시너지 효과를 극대화할 수 있다.

② 상호 친밀감이 더욱 돈독해진다.

③ 보다 많은 이득을 얻을 수 있다.

④ 문제의 근본적인 해결책을 얻을 수 있다.

⑤ 대인관계를 넓힐 수 있다.

┃25~27┃ 다음에 나열된 숫자의 규칙을 찾아 빈칸에 들어가기 적절한 수를 고르시오.

25.

10	2	$\frac{17}{2}$	$\frac{9}{2}$	7	7	$\frac{11}{2}$	( )

① $\frac{13}{2}$

② $\frac{15}{2}$

③ $\frac{17}{2}$

④ $\frac{19}{2}$

⑤ $\frac{21}{2}$

26.

| 6 7 9 13 21 37 ( ) |

① 69   ② 68

③ 67   ④ 66

⑤ 65

27.

| 20 10 3   30 5 7   40 5 ( ) |

① 8   ② 9

③ 10   ④ 11

⑤ 13

28.
어떤 물건의 정가는 원가에 $x\%$이익을 더한 것이라고 한다. 그런데 물건이 팔리지 않아 정가의 $x\%$를 할인하여 판매하였더니 원가의 4%의 손해가 생겼을 때, x의 값은?

① 5   ② 10

③ 15   ④ 20

⑤ 25

29.
다음 〈표〉는 콩 교역에 관한 자료이다. 이 자료에 대한 설명으로 옳지 않은 것은?

(단위 : 만 톤)

순위	수출국	수출량	수입국	수입량
1	미국	3,102	중국	1,819
2	브라질	1,989	네덜란드	544
3	아르헨티나	871	일본	517
4	파라과이	173	독일	452
5	네덜란드	156	멕시코	418
6	캐나다	87	스페인	310
7	중국	27	대만	169
8	인도	24	벨기에	152
9	우루과이	18	한국	151
10	볼리비아	12	이탈리아	144

① 이탈리아 수입량은 볼리비아 수출량의 12배이다.

② 수출량과 수입량 모두 상위 10위에 들어있는 국가는 네덜란드뿐이다.

③ 캐나다의 콩 수출량은 중국, 인도, 우루과이, 볼리비아 수출량을 합친 것보다 많다.

④ 수출국 1위와 10위의 수출량은 약 250배 이상 차이난다.

⑤ 파라과이 수출량은 브라질 수출량의 10%도 되지 않는다.

30. 다음은 3개 회사의 '갑' 제품에 대한 국내 시장 점유율 현황을 나타낸 자료이다. 다음 자료에 대한 설명 중 적절하지 않은 것은 어느 것인가?

(단위: %)

구분	2021	2022	2023	2024	2025
A사	17.4	18.3	19.5	21.6	24.7
B사	12.0	11.7	11.4	11.1	10.5
C사	9.0	9.9	8.7	8.1	7.8

① 2021년부터 2025년까지 3개 회사의 점유율 증감 추이는 모두 다르다.
② 3개 회사를 제외한 나머지 회사의 '갑' 제품 점유율은 2021년 이후 매년 감소하였다.
③ 2021년 대비 2025년의 점유율 감소율은 C사가 B사보다 더 크다.
④ 3개 회사의 '갑' 제품 국내 시장 점유율이 가장 큰 해는 2025년이다.
⑤ 3개 회사의 2025년의 시장 점유율은 전년 대비 5% 이상 증가하였다.

31. 다음은 A제품과 B제품에 대한 연간 판매량을 분기별로 나타낸 자료이다. 이 자료에 대한 설명으로 적절하지 않은 것은 어느 것인가?

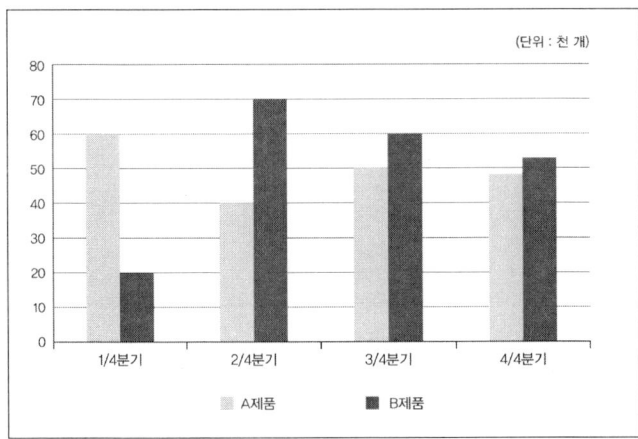

(단위 : 천 개)

① A 제품과 B 제품은 동일한 시기에 편차가 가장 크게 나타난다.
② 연간 판매량은 B제품이 A제품보다 더 많다.

③ 4/4분기 전까지 두 제품의 분기별 평균 판매량은 동일하다.
④ 두 제품의 판매량 차이는 연말이 다가올수록 점점 감소한다.
⑤ 4/4분기 B제품의 판매량이 51이라면, B제품의 이전 분기 대비 판매량 감소율의 크기는 3/4분기가 4/4분기보다 더 작다.

32. 다음은 구직자를 대상으로 실시한 설문조사 결과이다. 다음 설명 중 적절하지 않은 것은 어느 것인가?

〈면접 시 가장 많이 받았던 질문〉

(단위: %)

질문내용	신입직	경력직
지원동기	61.3	51.6
자기소개	45.0	33.2
직무에 대한 관심	27.2	34.1
지원 분야 전문지식	28.9	29.7
전 직장에서의 프로젝트 수행사례	9.0	35.1
앞으로의 포부	17.5	14.7
인·적성 및 성격 장단점	13.8	17.9
개인의 가치관	12.3	12.6
지원 분야 인턴 경험	16.6	6.1
개인 신상	7.9	13.5
영어회화 실력	11.8	8.6

① 신입직과 경력직 모두에서 하위 3개 질문 중에 '영어회화 실력'이 포함된다.
② 경력직과 신입직의 응답비율 차이가 가장 큰 것은 '전 직장에서의 프로젝트 수행사례'이다.
③ '개인의 가치관' 질문에서 경력직과 신입직의 응답비율 차이가 가장 작다.
④ 신입직인 경우 가장 많이 받은 질문 5개는 '지원동기', '자기소개', '직무에 대한 관심', '지원 분야 전문지식', 그리고 '지원 분야 인턴 경험'이다.
⑤ 경력직인 경우 가장 많이 받은 질문 3개는 '지원동기', '전 직장에서의 프로젝트 수행사례', 그리고 '직무에 대한 관심'이다.

33. 다음은 어느 회사의 사원 입사월일을 정리한 자료이다. 아래 워크시트에서 [C4] 셀에 수식 ' =EOMONTH(C3,1)'를 입력하였을 때 결과 값은? (단, [C4] 셀에 설정되어 있는 표시형식은 '날짜'이다)

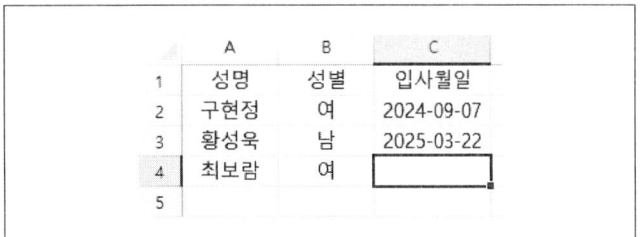

① 2025-04-30

② 2025-03-31

③ 2025-02-28

④ 2024-09-31

⑤ 2024-08-31

34. G사 홍보팀에서는 다음과 같이 직원들의 수당을 지급하고자 한다. C12셀부터 D15셀까지 기재된 사항을 참고로 D열에 수식을 넣어 직책별 수당을 작성하였다. D2셀에 수식을 넣어 D10까지 드래그하여 다음과 같은 자료를 작성하였다면, D2셀에 들어가야 할 적절한 수식은?

	A	B	C	D
1	사번	직책	기본급	수당
2	9610114	대리	1,720,000	450,000
3	9610070	대리	1,800,000	450,000
4	9410065	과장	2,300,000	550,000
5	9810112	사원	1,500,000	400,000
6	9410105	과장	2,450,000	550,000
7	9010043	부장	3,850,000	650,000
8	9510036	대리	1,750,000	450,000
9	9410068	과장	2,380,000	550,000
10	9810020	사원	1,500,000	400,000
11				
12			부장	650,000
13			과장	550,000
14			대리	450,000
15			사원	400,000

① =VLOOKUP(C12,$C$12:$D$15,2,1)

② =VLOOKUP(C12,$C$12:$D$15,2,0)

③ =VLOOKUP(B2,$C$12:$D$15,2,0)

④ =VLOOKUP(B2,$C$12:$D$15,2,1)

⑤ =VLOOKUP(B2,$C$14:$D$15,2,0)

35. 다음 워크시트에서 수식 ' =POWER(A3, A2)'의 결과 값은 얼마인가?

	A
1	1
2	3
3	5
4	7
5	9
6	11

① 5

② 81

③ 49

④ 125

⑤ 256

36. 다음은 H회사의 승진후보들의 1차 고과 점수 및 승진시험 점수이다. "생산부 사원"의 승진시험 점수의 평균을 알기 위해 사용해야 하는 함수는 무엇인가?

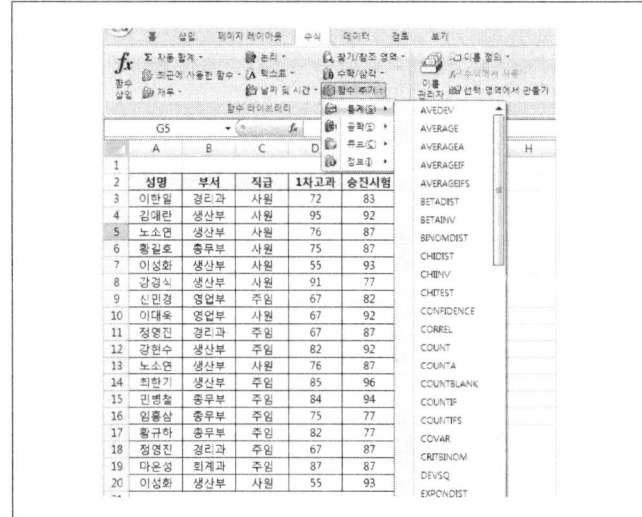

① AVERAGE

② AVERAGEA

③ AVERAGEIF

④ AVERAGEIFS

⑤ COUNTIF

37. 다음의 알고리즘에서 인쇄되는 S는?

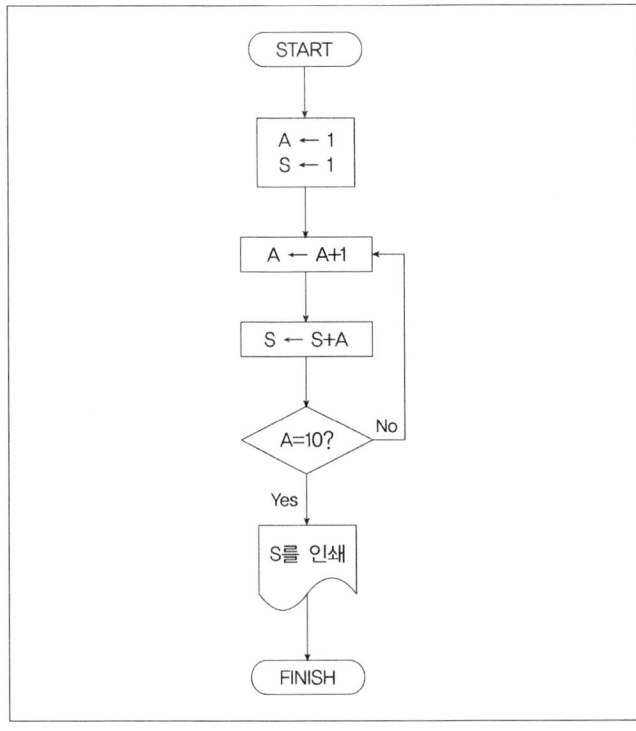

① 36

② 45

③ 55

④ 66

⑤ 77

38. T회사에서 근무하고 있는 N씨는 엑셀을 이용하여 작업을 하고자 한다. 엑셀에서 바로 가기 키에 대한 설명이 다음과 같을 때 괄호 안에 들어갈 내용으로 알맞은 것은?

> 통합 문서 내에서 (㉠) 키는 다음 워크시트로 이동하고 (㉡) 키는 이전 워크시트로 이동한다.

	㉠	㉡
①	⟨Ctrl⟩＋⟨Page Down⟩	⟨Ctrl⟩＋⟨Page Up⟩
②	⟨Shift⟩＋⟨Page Down⟩	⟨Shift⟩＋⟨Page Up⟩
③	⟨Tab⟩＋←	⟨Tab⟩＋→
④	⟨Alt⟩＋⟨Shift⟩＋↑	⟨Alt⟩＋⟨Shift⟩＋↓
⑤	⟨Ctrl⟩＋⟨Shift⟩＋⟨Page Down⟩	⟨Ctrl⟩＋⟨Shift⟩＋⟨Page Up⟩

39. 다음 시트의 [D10]셀에서 =DCOUNT(A2:F7, 4, A9:B10)을 입력했을 때 결과 값으로 옳은 것은?

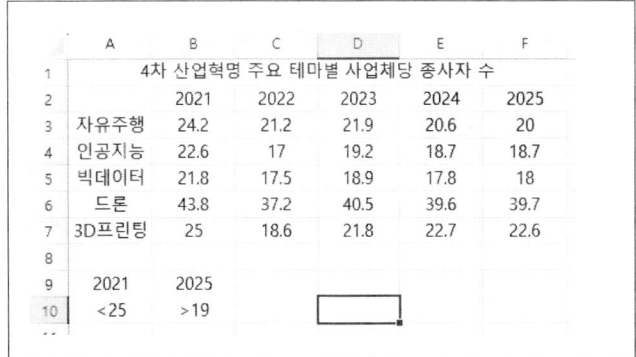

① 0

② 1

③ 2

④ 3

⑤ 4

40. 기억장치 배치전략이란 프로그램을 주기억장치 내의 어디에 위치시킬 것인가를 결정하는 전략을 의미한다. 아래와 같은 메모리 영역이 주어져 있다. 이 때 주기억장치 관리 기법에서 worst-fit을 사용할 경우에 10K의 프로그램이 할당받게 되는 영역의 번호를 고르면? (단, 모든 영역은 현재 공백 상태라고 가정한다.)

영역 1	9K
2	15K
3	10K
4	30K

① 영역 1   ② 영역 2
③ 영역 3   ④ 영역 4
⑤ 정답 없음

✏ 기계일반(40문항)

41. 연삭가공에서 연삭비로 옳은 것은?
① 단위체적의 숫돌마멸에 대한 제거된 재료체적
② 연삭숫돌의 속도에 대한 공작물의 속도
③ 연삭깊이와 연삭숫돌의 초당 회전속도 비율
④ 연삭숫돌의 체적에 대한 공극 비율
⑤ 숫돌의 경도와 입자의 크기 비율

42. 회주철의 부족한 연성을 개선하기 위해 용탕에 직접 첨가물을 넣음으로써 흑연을 둥근 방울형태로 만들 수 있다. 이와 같이 흑연이 구상으로 되는 구상흑연주철을 만들기 위해 첨가하는 원소로서 가장 적합한 것은 어느 것인가?

① P   ② Mn
③ Si   ④ C
⑤ Mg

43. 철강의 열처리와 표면처리에 대한 설명 중 옳은 것으로만 묶인 것은?

> (가) 트루스타이트(troostite) 조직은 마텐자이트(martensite) 조직보다 경도가 크다.
> (나) 오스템퍼링(austempering)을 통해 베이나이트(bainite) 조직을 얻을 수 있다.
> (다) 철의 표면에 규소(Si)를 침투시켜 피막을 형성하는 것을 세라다이징(sheradizing)이라 한다.
> (라) 심랭처리를 통해 잔류 오스테나이트(austenite)를 줄일 수 있다.

① (가), (다)   ② (가), (라)
③ (나), (다)   ④ (나), (라)
⑤ (다), (라)

44. 금형용 합금공구강의 KS 규격에 해당하는 것은?

① STD 11

② SC 360

③ SM 45C

④ SS 400

⑤ DC 500

45. 다음의 공구재료를 200℃ 이상의 고온에서 경도가 높은 순으로 옳게 나열한 것은?

> 탄소공구강, 세라믹공구, 고속도강, 초경합금

① 초경합금 > 세라믹공구 > 고속도강 > 탄소공구강

② 초경합금 > 세라믹공구 > 탄소공구강 > 고속도강

③ 세라믹공구 > 초경합금 > 고속도강 > 탄소공구강

④ 고속도강 > 초경합금 > 탄소공구강 > 세라믹공구

⑤ 고속도강 > 탄소공구강 > 세라믹공구 > 초경합금

46. 탄소 함유량이 0.77%인 강을 오스테나이트 구역으로 가열한 후 공석변태온도 이하로 냉각시킬 때, 페라이트와시멘타이트의 조직이 층상으로 나타나는 조직으로 옳은 것은?

① 오스테나이트(austenite) 조직

② 베이나이트(bainite) 조직

③ 마텐자이트(martensite) 조직

④ 펄라이트(pearlite) 조직

⑤ 레데뷰라이트(ledeburite) 조직

47. 1줄 나사에서 나사를 축방향으로 20mm 이동시키는 데 2회전이 필요할 때, 이 나사의 피치[mm]는?

① 1

② 5

③ 10

④ 20

⑤ 30

48. 백래시(backlash)가 적어 정밀 이송장치에 많이 쓰이는 운동용 나사는?

① 사각 나사

② 톱니 나사

③ 볼 나사

④ 사다리꼴 나사

⑤ 삼각 나사

49. 큰 토크를 전달할 수 있어 자동차의 속도 변환 기구에 주로 사용되는 것은?

① 원뿔 키(cone key)

② 안장 키(saddle key)

③ 평 키(flat key)

④ 스플라인(spline)

⑤ 미끄럼 키(sliding key)

50. 기계요소의 하나인 리벳을 이용하여 부재를 연결하는 리벳이음 작업 중에 코킹을 하는 이유로 적합한 것은?

① 강판의 강도를 향상시키기 위하여

② 패킹 재료를 용이하게 끼우기 위하여

③ 리벳 구멍의 가공을 용이하게 하기 위하여

④ 강판의 가공을 용이하게 하기 위하여

⑤ 강판의 기밀성을 향상시키기 위하여

51. 너트의 풀림을 방지하기 위한 기계요소로 옳은 것만을 모두 고른 것은?

> ㉠ 로크너트 ㉡ 이붙이 와셔
> ㉢ 나비너트 ㉣ 스프링 와셔

① ㉠, ㉡, ㉢
② ㉠, ㉡, ㉣
③ ㉠, ㉢, ㉣
④ ㉡, ㉢, ㉣
⑤ ㉠, ㉡, ㉢, ㉣

52. 결합에 사용되는 기계요소만으로 옳게 묶인 것은?

① 관통볼트, 묻힘 키, 플랜지 너트, 분할 핀
② 삼각나사, 유체 커플링, 롤러 체인, 플랜지
③ 드럼 브레이크, 공기 스프링, 웜 기어, 스플라인
④ 스터드 볼트, 테이퍼 핀, 전자 클러치, 원추 마찰차
⑤ 체인, 커플링, 리벳, 스프링, 브레이크, 베어링, 너트

53. ㉠, ㉡에 들어갈 축 이음으로 적절한 것은?

> 두 축의 중심선을 일치시키기 어렵거나, 진동이 발생되기 쉬운 경우에는 ㉠을 사용하여 축을 연결하고, 두 축이 만나는 각이 수시로 변화하는 경우에는 ㉡이(가) 사용된다.

	㉠	㉡
①	플랜지 커플링	유니버설 조인트
②	플렉시블 커플링	유니버설 조인트
③	플랜지 커플링	유체 커플링
④	플렉시블 커플링	유체 커플링
⑤	플렌지 커플링	플렉시블 커플링

54. 두 축의 중심이 일치하지 않는 경우에 사용할 수 있는 커플링은?

① 올덤 커플링(Oldham coupling)
② 머프 커플링(muff coupling)
③ 마찰원통 커플링(friction clip coupling)
④ 셀러 커플링(Seller coupling)
⑤ 유체 커플링(fluid coupling)

55. 두 축의 중심선을 일치시키기 어려운 경우, 두 축의 연결 부위에 고무, 가죽 등의 탄성체를 넣어 축의 중심선 불일치를 완화하는 커플링은?

① 유체 커플링
② 플랜지 커플링
③ 플렉시블 커플링
④ 유니버설 조인트
⑤ 머프 커플링

56. 유체를 매개로 하여 동력을 전달하는 장치로 유체를 가득 채운 케이싱 내부에 임펠러(impeller)를 서로 마주보게 세워두고 회전력을 전달하는 장치는?

① 축압기
② 체크 밸브
③ 유체 커플링
④ 유압 실린더
⑤ 릴리프 밸브

57. 축방향 하중을 지지하는 데 가장 부적합한 베어링은?

① 단열 깊은 홈 볼 베어링(single-row deep-groove ball bearing)

② 앵귤러 콘택트 볼 베어링(angular contact ball bearing)

③ 니들 롤러 베어링(needle roller bearing)

④ 테이퍼 롤러 베어링(taper roller bearing)

⑤ 원통 롤러 베어링(cylindrical roller bearing)

58. 단면이 직사각형이고 길이가 L인 외팔보형 단판 스프링에서 최대 처짐이 δ_0이고, 스프링의 두께를 2배로 하였을 때 최대 처짐이 δ일 경우 δ/δ_0는? (단, 다른 조건은 동일하다)

① 1/16 　　　　　② 1/8

③ 1/4 　　　　　④ 1/2

⑤ 1

59. 축압 브레이크의 일종으로 마찰패드에 회전축 방향의 힘을 가하여 회전을 제동하는 장치는?

① 블록 브레이크

② 밴드 브레이크

③ 드럼 브레이크

④ 디스크 브레이크

⑤ 스프링 브레이크

60. 자동차에 사용되는 판 스프링(leaf spring)이나 쇼크 업소버(shock absorber)의 역할은?

① 클러치

② 완충 장치

③ 제동 장치

④ 동력 전달 장치

⑤ 윤활 장치

61. 유체기계를 운전할 때 송출량 및 압력이 주기적으로 변화하는 현상(진동을 일으키고 숨을 쉬는 것과 같은 현상)으로 옳은 것은?

① 공동현상(cavitation)

② 노킹현상(knocking)

③ 서징현상(surging)

④ 난류현상

⑤ 관성현상

62. 역 카르노 사이클로 작동하는 냉동기의 증발기 온도가 250K, 응축기 온도가 350K일 때 냉동 사이클의 성적계수는 얼마인가?

① 0.25 　　　　　② 0.4

③ 2.5 　　　　　④ 3.5

⑤ 4.5

63. 지면을 절삭하여 평활하게 다듬고자 한다. 다음 중 표면 작업 장비로 가장 적합한 것은?

① 그레이더(grader)

② 스크레이퍼(scraper)

③ 도저(dozer)

④ 굴삭기

⑤ 타이어 롤러(tire roller)

64. 금속재료의 열처리에 대한 설명이다. 다음 내용 중 옳지 않은 것은?

① 풀림(annealing)을 하면 가공경화나 내부응력을 제거할 수 있다.

② 담금질(quenching)을 하면 강도는 올라가고, 경도는 하락한다.

③ 불림(normalizing)은 조직을 표준화 시킨다.

④ 강의 탄소함유량을 측정할 때 불림(normalizing)을 이용한다.

⑤ 담금질(quenching)은 가열온도를 변태점보다 30~50도 높게 한다.

65. 기계요소 중 축(shaft) 관련 설명들이다. 다음 내용 중 옳지 않은 것은?

① 일반축에는 주로 탄소강, 고속/고하중에는 특수강을 사용한다.

② 축은 고속회전에 사용되므로 피로파괴를 고려해야 한다.

③ 축은 처짐과 비틀림 등으로 위험한 임계속도가 있다.

④ 축설계시 비틀림각을 제한하기 위해 인장강도를 계산한다.

⑤ 전동축은 주로 비틀림 모멘트를 많이 받으나, 굽힘 모멘트도 작용한다.

66. 테일러의 공구수명방정식으로 옳은 것은?

① 유동형칩 발생과 공구수명의 관계식

② 가공물의 경도와 공구수명의 관계식

③ 절삭깊이와 공구수명과의 관계식

④ 절삭속도와 공구수명과의 관계식

⑤ 이송속도와 공구수명과의 관계식

67. 동력과 에너지 관련된 설명들이다. 다음 내용 중 옳지 않은 것은?

① 댐은 물의 위치에너지를 전기에너지로 변환한다.

② 보일러는 연소에 의한 열에너지를 이용한다.

③ 원자로는 고온, 고압의 물로 직접 터빈을 회전시킨다.

④ 내연기관은 연소에 의한 압력에너지를 운동에너지로 변환한다.

⑤ 화력발전소는 열에 의한 증기에너지를 이용한다.

68. 구멍 가공을 위하여 드릴을 사용하는데, 이러한 드릴의 날끝각에 대한 설명 중에서 옳지 않은 것은?

① 드릴의 날끝각은 가공물의 재질에 따라 다르다.

② 드릴의 날끝각은 일반적으로 118°이다.

③ 경도가 높을수록 날끝각은 작게 한다.

④ 드릴 날의 길이는 가공에 영향을 미친다.

⑤ 드릴 중심축에 대한 각이 다르면 안 된다.

69. 압연 가공에 대한 설명 중에서 옳은 것은?

① 압연은 주조 조직을 파괴하고, 기포를 압착하여 우수한 재질이 되게 한다.

② 압연의 주목적은 재료의 두께를 증가시키기 위한 것이다.

③ 압연에 의하여 폭은 약간 줄어든다.

④ 열간 압연은 냉간 압연에 비하여 표면이 매끈하고 깨끗하다.

⑤ 냉간 압연은 열간 압연에 비하여 재료의 강도가 낮아진다.

70. 다음의 비철금속에 대한 설명 중 옳지 않은 것은?

① 구리는 열 및 전기 전도율이 좋으나, 기계적인 강도는 낮다.

② 티타늄은 알루미늄보다 가벼워 항공재료로 사용된다.

③ 알루미늄은 가벼운 것이 특징이며, 가공이 용이하다.

④ 니켈은 산화피막에 의해서 내부식성이 우수하다.

⑤ 알루미나는 내부식성을 증가시킨다.

71. 연산율이 20%인 재료의 인장시험에서 파괴되기 직전의 시편 전체길이가 24cm일 때 이 시편의 초기 길이는?

① 19.2cm

② 20cm

③ 28.8cm

④ 30cm

⑤ 40.6cm

72. 두께 10mm, 폭 130mm인 강판을 V형 맞대기 용접이음 하고자 한다. 이음효율 $\eta=1.0$으로 가정하면 인장력은 얼마까지 허용 가능한가? (단, 판의 최저 인장 강도는 40kgf/mm2이고, 안전율은 2로 한다.)

① 10,000kgf

② 13,000kgf

③ 26,000kgf

④ 34,000kgf

⑤ 52,000kgf

73. 절삭가공에서 절삭온도와 공구의 경도에 대한 설명으로 옳지 않은 것은?

① 전단면에서 전단소성변형에 의한 열이 발생한다.

② 공구의 온도가 상승하면 공구재료는 경화한다.

③ 칩과 공구 윗면과의 사이에 마찰열이 발생한다.

④ 공구의 온도가 상승하면 공구의 수명이 단축된다.

⑤ 절삭열은 칩, 공구, 공작물에 축적된다.

74. 다음 중 인베스트먼트 주조에 대한 내용으로 틀린 것은?

① 모든 재질에 적용할 수 있고, 특수합금에 적합하다.

② 사형주조법에 비해 인건비가 많이 든다.

③ 생산성이 낮으며 제조원가가 다른 주조법에 비해 비싸다.

④ 주물의 표면이 깨끗한 반면에 치수정밀도는 상당히 낮다.

⑤ 기계가공이 곤란한 경질합금, 밀링커터 및 가스터빈 블레이드 등을 제작할 때 사용한다.

75. 기계요소에 하중이 집중적으로 작용하면 응력집중이 발생하여 기계요소의 파단 원인이 된다. 다음 중 응력집중에 대한 경감 대책으로 옳은 것은?

① 단이 진 부분의 필릿(fillet) 반지름을 되도록 크게 한다.

② 재료내의 응력 흐름을 밀집되게 한다.

③ 단면 변화 부분에 열처리를 하여 부분적으로 부드럽게 한다.

④ 단면 변화 부분에 보강재를 대면 안 된다.

⑤ 단면 변화를 명확하게 하여 준다.

76. 다음 중 노크의 발생 원인이 아닌 것은?

① 실린더 온도가 높아지거나 적열된 열원이 있을 때

② 점화시기가 느릴 때

③ 흡기의 온도와 압력이 높을 때

④ 혼합비가 높을 때

⑤ 제동 평균 유효압력이 높을 때

77. 보의 길이가 l인 외팔보에 단위길이당 균일등분포하중 w가 작용할 때, 외팔보에 작용하는 최대 굽힘 모멘트로 옳은 것은?

① wl

② $\dfrac{wl^2}{4}$

③ $\dfrac{wl}{2}$

④ $\dfrac{wl^2}{3}$

⑤ $\dfrac{wl^2}{2}$

78. 다음 중 가솔린기관과 비교하여 디젤기관의 장점이 아닌 것은?

① 압축비가 높아 열효율이 좋다.

② 연료비가 싸다.

③ 점화장치, 기화장치 등이 없어 고장이 적다.

④ 저속에서 큰 회전력을 발생한다.

⑤ 압축압력이 작음으로 안전하다.

79. 다음 중 초음파가공과 관련한 설명으로 옳지 않은 것은?

① 상하방향으로 초음파 진동하는 공구를 사용한다.

② 진동자는 20kHz 이상으로 진동한다.

③ 가공액에 함유된 연마입자가 공작물과 충돌에 의해 가공된다.

④ 연마입자는 알루미나, 탄화규소, 탄화붕소 등이 사용된다.

⑤ 연질재료의 다듬질 가공에 적합한 가공이다.

80. 회전수 400rpm, 이송량 2mm/rev로 120mm 길이의 공작물을 선삭 가공할 때 걸리는 가공 시간은?

① 7초

② 9초

③ 11초

④ 13초

⑤ 15초

대구교통공사 필기시험 모의고사

절 취 선

직업기초능력평가

	①	②	③	④	⑤
1	①	②	③	④	⑤
2	①	②	③	④	⑤
3	①	②	③	④	⑤
4	①	②	③	④	⑤
5	①	②	③	④	⑤
6	①	②	③	④	⑤
7	①	②	③	④	⑤
8	①	②	③	④	⑤
9	①	②	③	④	⑤
10	①	②	③	④	⑤
11	①	②	③	④	⑤
12	①	②	③	④	⑤
13	①	②	③	④	⑤
14	①	②	③	④	⑤
15	①	②	③	④	⑤
16	①	②	③	④	⑤
17	①	②	③	④	⑤
18	①	②	③	④	⑤
19	①	②	③	④	⑤
20	①	②	③	④	⑤

	①	②	③	④	⑤
21	①	②	③	④	⑤
22	①	②	③	④	⑤
23	①	②	③	④	⑤
24	①	②	③	④	⑤
25	①	②	③	④	⑤
26	①	②	③	④	⑤
27	①	②	③	④	⑤
28	①	②	③	④	⑤
29	①	②	③	④	⑤
30	①	②	③	④	⑤
31	①	②	③	④	⑤
32	①	②	③	④	⑤
33	①	②	③	④	⑤
34	①	②	③	④	⑤
35	①	②	③	④	⑤
36	①	②	③	④	⑤
37	①	②	③	④	⑤
38	①	②	③	④	⑤
39	①	②	③	④	⑤
40	①	②	③	④	⑤

기계일반

	①	②	③	④	⑤
41	①	②	③	④	⑤
42	①	②	③	④	⑤
43	①	②	③	④	⑤
44	①	②	③	④	⑤
45	①	②	③	④	⑤
46	①	②	③	④	⑤
47	①	②	③	④	⑤
48	①	②	③	④	⑤
49	①	②	③	④	⑤
50	①	②	③	④	⑤
51	①	②	③	④	⑤
52	①	②	③	④	⑤
53	①	②	③	④	⑤
54	①	②	③	④	⑤
55	①	②	③	④	⑤
56	①	②	③	④	⑤
57	①	②	③	④	⑤
58	①	②	③	④	⑤
59	①	②	③	④	⑤
60	①	②	③	④	⑤

	①	②	③	④	⑤
61	①	②	③	④	⑤
62	①	②	③	④	⑤
63	①	②	③	④	⑤
64	①	②	③	④	⑤
65	①	②	③	④	⑤
66	①	②	③	④	⑤
67	①	②	③	④	⑤
68	①	②	③	④	⑤
69	①	②	③	④	⑤
70	①	②	③	④	⑤
71	①	②	③	④	⑤
72	①	②	③	④	⑤
73	①	②	③	④	⑤
74	①	②	③	④	⑤
75	①	②	③	④	⑤
76	①	②	③	④	⑤
77	①	②	③	④	⑤
78	①	②	③	④	⑤
79	①	②	③	④	⑤
80	①	②	③	④	⑤

성명

수험번호

⊖	⊖	⊖	⊖	⊖	⊖	⊖	⊖	⊖
①	①	①	①	①	①	①	①	①
②	②	②	②	②	②	②	②	②
③	③	③	③	③	③	③	③	③
④	④	④	④	④	④	④	④	④
⑤	⑤	⑤	⑤	⑤	⑤	⑤	⑤	⑤
⑥	⑥	⑥	⑥	⑥	⑥	⑥	⑥	⑥
⑦	⑦	⑦	⑦	⑦	⑦	⑦	⑦	⑦
⑧	⑧	⑧	⑧	⑧	⑧	⑧	⑧	⑧
⑨	⑨	⑨	⑨	⑨	⑨	⑨	⑨	⑨

대구교통공사

기계일반

제2회 모의고사

성명		생년월일	
문제 수(배점)	80문항	풀이시간	/ 80분
영역	직업기초능력평가, 전공과목(기계일반)		
비고	객관식 5지선다형		

✏ 직업기초능력평가(40문항)

1. 밑줄 친 단어의 맞춤법이 옳은 것은?

① 그대와의 추억이 <u>있으매</u> 저는 행복하게 살아갑니다.

② 신제품을 <u>선뵀어도</u> 매출에는 큰 영향이 없을 거예요.

③ 생각지 못한 일이 자꾸 생기니 그때의 상황이 참 <u>야속터 군요.</u>

④ 그 발가숭이 몸뚱이가 위로 번쩍 쳐들렸다가 물속에 텀벙 <u>처박히는</u> 순간이었습니다.

⑤ 하늘이 뚫린 것인지 <u>몇 날 몇</u> 일을 기다려도 비는 그치지 않았다.

2. 다음 중 띄어쓰기가 모두 옳은 것은?

① 행색이∨초라한∨게∨보아∨하니∨시골∨양반∨같다.

② 이처럼∨희한한∨구경은∨난생∨처음입니다.

③ 이제∨별볼일이∨없으니∨그냥∨돌아갑니다.

④ 하잘것없는∨일로∨형제∨끼리∨다투어서야∨되겠소?

⑤ 동생네는∨때맞추어∨모든∨일을∨잘∨처리해∨나갔다.

3. 다음 중 제시된 문장의 빈칸에 들어갈 단어로 알맞은 것을 고르시오.

> • 환전을 하기 위해 현금을 ( )했다.
> • 장기화 되던 법정 다툼에서 극적으로 합의가 ( )되었다.
> • 회사 내의 주요 정보를 빼돌리던 스파이를 ( )했다.

① 입출(入出) – 도출(導出) – 검출(檢出)

② 입출(入出) – 검출(檢出) – 도출(導出)

③ 인출(引出) – 도출(導出) – 색출(索出)

④ 인출(引出) – 검출(檢出) – 색출(索出)

⑤ 수출(輸出) – 도출(導出) – 검출(檢出)

4. 다음 글의 중심 내용으로 가장 적절한 것을 고르시오.

> 한 번에 두 가지 이상의 일을 할 때 당신은 마음에게 흩어지라고 지시하는 것입니다. 그것은 모든 분야에서 좋은 성과를 내는 데 필수적인 요소가 되는 집중과는 정반대입니다. 당신은 자신의 마음이 분열되는 상황에 처하도록 하는 경우도 많습니다. 마음이 흔들리도록, 과거나 미래에 사로잡히도록, 문제들을 안고 끙끙거리도록, 강박이나 충동에 따라 행동하는 때가 그런 경우입니다. 예를 들어, 읽으면서 동시에 먹을 때 마음의 일부는 읽는 데 가 있고, 일부는 먹는 데 가 있습니다. 이런 때는 어느 활동에서도 최상의 것을 얻지 못합니다. 다음과 같은 부처의 가르침을 명심하세요. '걷고 있을 때는 걸어라. 앉아 있을 때는 앉아 있어라. 갈팡질팡하지 마라.' 당신이 하는 모든 일은 당신의 온전한 주의를 받을 가치가 있는 것이어야 합니다. 단지 부분적인 주의를 받을 가치밖에 없다고 생각하면, 그것이 진정으로 할 가치가 있는지 자문하세요. 어떤 활동이 사소해 보이더라도, 당신은 마음을 훈련하고 있다는 사실을 명심하세요.

① 일을 시작하기 전에 먼저 사소한 일과 중요한 일을 구분하는 습관을 기르라.
② 한 번에 두 가지 이상의 일을 성공적으로 수행할 수 있도록 훈련하라.
③ 자신이 하는 일에 전적으로 주의를 집중하라.
④ 과거나 미래가 주는 교훈에 귀를 기울이라.
⑤ 모든 일에 가치를 판단하고 시작하라.

5. 다음 괄호 안에 알맞은 접속사를 고르시오.

> 항공기 결빙은 기체에 달라붙으므로 착빙(着氷)이라고 부른다. 먼저 기체에 달라붙는 착빙으로는 서리 착빙이 있다. 이는 활주로에 주기 중인 항공기에 잘 발생하며, 맑은 날 복사냉각에 의해 공기 온도가 0℃ 이하로 냉각될 때 항공기 기체에 접촉된 수증기가 승화해서 만들어지는 것이다. 서리가 내리는 것과 같은 원리다. 이 외에 비행 중에도 서리 착빙이 발생하기도 한다. 이는 빙점 이하의 아주 저온인 기층에서 비행해 온 항공기가 급격히 고온다습한 공기층으로 비행할 때 발생한다. 서리 착빙은 새털 모양의 부드러운 얼음의 피막 형태로 가벼우며 얼음의 중량은 문제되지 않는다. (   ) 서리가 붙은 그대로 이륙하면 공기흐름이 흐트러져 이륙 속도에 도달할 수 없게 될 수도 있다. (   ) 거친 착빙(rime icing)이 있다. 거친 착빙은 저온인 작은 입자의 과냉각 물방울이 충돌했을 때 생기며, 수빙(樹氷)이라고도 한다. 거친 착빙은 물방울이나 과냉각 물방울이 많은 −20℃~0℃의 기온에서 주로 발생하며 날개 등 항공기 기체 첨단부의 풍상 측에서 잘 발생한다.

① 그리하여, 이를테면
② 한편, 게다가
③ 아무튼, 그렇지만
④ 그러나, 다음으로
⑤ 따라서, 그리하여

6. 다음 글의 제목으로 가장 적절한 것을 고르시오.

> 매일 먹는 밥. 하지만 밥의 주재료인 쌀에 대해서 아는 사람은 그리 많지 않을 것이다. 쌀이 벼의 씨라는 것쯤은 벼를 본 적이 없는 도시인들도 다 아는 상식이다. 그러나 언제부터 벼를 재배하기 시작했으며, 벼에는 어떤 종류가 있으며, 각 나라의 쌀에는 어떤 차이가 있으며, 그 차이를 만들어내는 원인이 무엇인지는 벼를 재배하고 있는 사람들조차 낯선 정보들이다.
> 쌀이 중요한 이유는 인간이 살아가는 데 꼭 필요한 영양소인 당질을 공급해 주기 때문이다. 당질은 단백질, 지방질 등과 함께 체외로부터 섭취하지 않으면 살아갈 수 없는 필수 영양소다. 특히 당질은 식물만 생산이 가능하기 때문에 인간에게 있어 곡물 재배의 역사는 곧 인류의 역사라고도 할 수 있다. 쌀은 옥수수, 밀과 함께 세계 3대 곡물이다.
> 그러나 옥수수가 주로 사료용으로 쓰인다는 점을 감안하면 실제로는 쌀과 밀이 식량으로서의 세계 곡물 시장을 양분하고 있는 셈이다. 곡물이라고 불리는 식물들은 모두 재배식물이다. 벼도 마찬가지로 야생벼의 탄생은 수억년 전으로 거슬러 올라간다. 하지만 재배벼에서 비롯된 오리자 사티바 즉 현재 우리가 먹고 있는 쌀은 1만 년 전 중국 장강 유역에서 탄생했다. 한편 벼 품종은 1920년대 세계 각지의 쌀을 처음으로 본 일본 큐슈대학의 카토 시게모토 교수의 분류법에 따라 재배벼를 일본형인 '자포니카'와 인도형인 '인디카'로 구분해 왔다. 즉 벼를 야생벼와 재배벼가 나눈 다음 재배벼를 다시 인디카와 자포니카로 나눈 것이다. 하지만 자연과학의 발달로 최근에는 이런 분류보다는 벼를 인디카형과 자포니카형으로 나누고 각각을 야생형과 재배형으로 나누는 분류법이 더 타당하다는 주장이 제기되고 있다. 위에서 말한 오리자 사티바는 자포니카를 말한다. 반면 인도 등 남아시아의 벼인 인디카는 중국에서 탄생한 자포니카가 아시아 일대로 옮겨져 야생종과의 교배를 통해 탄생한 것이다. 하지만 전세계 쌀의 90%는 인디카다. 자포니카는 한국과 일본, 중국, 미국 캘리포니아 지역에서만 재배되고 있다.
> 간단하게 쌀의 기본적인 내용에 대해서 살펴보았지만 벼가 재배되는 지역의 풍토에 따라 쌀과 쌀로 만든 요리도 저마다의 특징을 나타낸다. 그렇다면 각국을 대표하는 쌀 요리를 통하여 쌀의 역사와 세계사적 의미를 살펴보는 것도 의미 있는 작업이 될 것이다.

① 쌀의 구분법
② 쌀의 곡물로서의 가치
③ 쌀의 역사와 종류
④ 쌀의 영양소
⑤ 쌀의 지역적 분포와 근원

7. 다음 글의 서술 방식에 대한 설명으로 옳지 않은 것은?

글로벌 광고란 특정 국가의 제품이나 서비스의 광고주가 자국 외의 외국에 거주하는 소비자들을 대상으로 하는 광고를 말한다. 브랜드의 국적이 갈수록 무의미해지고 문화권에 따라 차이가 나는 상황에서, 소비자의 문화적 차이는 글로벌 소비자 행동에 막대한 영향을 미친다고 할 수 있다. 또한 점차 지구촌 시대가 열리면서 글로벌 광고의 중요성은 더 커지고 있다. 비교문화연구자 드 무이는 "글로벌한 제품은 있을 수 있지만 완벽히 글로벌한 인간은 있을 수 없다"고 말하기도 했다. 오랫동안 글로벌 광고 전문가들은 광고에서 감성 소구 방법이 이성 소구에 비해 세계인에게 보편적으로 받아들여진다고 생각해 왔지만 특정 문화권의 감정을 다른 문화권에 적용하면 동일한 효과를 얻기 어렵다는 사실이 속속 밝혀지고 있다. 일찍이 홉스테드는 문화권에 따른 문화적 가치관의 다섯 가지 차원을 제시했는데 권력 거리, 개인주의-집단주의, 남성성-여성성, 불확실성의 회피, 장기지향성이 그것이다. 그리고 이 다섯 가지 차원은 국가 간 비교 문화의 맥락에서 글로벌 광고 전략을 전개할 때 반드시 고려해야 하는 기본 전제가 된다.
그렇다면 글로벌 광고의 표현 기법에는 어떤 것들이 있을까? 글로벌 광고의 보편적 표현 기법은 크게 공개 기법, 진열 기법, 연상전이 기법, 수업 기법, 드라마 기법, 오락 기법, 상상 기법, 특수효과 기법 등 여덟 가지로 나눌 수 있다.

① 용어의 정의를 통해 논지에 대한 독자의 이해를 돕고 있다.
② 기존의 주장을 반박하는 방식으로 논지를 펼치고 있다.
③ 의문문을 사용함으로써 독자들로 하여금 호기심을 유발시키고 있다.
④ 전문가의 말을 인용함으로써 글의 신뢰성을 높이고 있다.
⑤ 예시와 열거 등의 설명 방법을 구사하여 주장의 설득력을 높이고 있다.

8. 다음 글을 읽고 알 수 있는 사실로 옳지 않은 것은?

반의관계는 서로 반대되거나 대립되는 의미를 가진 단어 사이의 의미 관계이다. 반의 관계는 두 단어가 여러 공통 의미 요소를 가지고 있으면서 다만 하나의 의미 요소가 다를 때 성립한다. 가령 '총각'의 반의어가 '처녀'인 것은 두 단어가 여러 공통 의미 요소를 가지고 있으면서 '성별'이라고 하는 하나의 의미 요소가 다르기 때문이다. 반의어는 반의관계의 성격에 따라 분류할 수 있다. 즉 반의어에는 '금속', '비금속'과 같이 한 영역 안에서 상호 배타적 대립관계에 있는 상보(모순) 반의어, '길다', '짧다'와 같이 두 단어 사이에 등급성이 있어서 중간 단계가 있는 등급(정도) 반의어, '형', '아우'와 '출발선', '결승선' 등과 같이 두 단어가 상대적 관계를 형성하고 있으면서 의미상 대칭을 이루고 있는 방향(대칭) 반의어가 있다.

① '앞'과 '뒤'는 등급 반의어가 아니다.
② '삶'과 '죽음'은 방향 반의어가 아니다.
③ 상보 반의어에는 '액체'와 '기체'가 있다.
④ 등급 반의어에는 '크다'와 '작다'가 있다.
⑤ 방향 반의어에는 '오른쪽'과 '왼쪽'이 있다.

9. 다음 〈조건〉을 바탕으로 반드시 범인이 아닌 사람을 고르면?

〈조건〉
• A, B, C, D, E 5명 중 2명이 범인이 있다.
• 범인은 목격자가 될 수 없으며, 범인이 아닌 3명 중 1명의 목격자가 있다.
• 5명 중 3명이 진술을 진실이고, 2명의 진술은 거짓이다.

A : E가 범인임을 목격했다.
B : C가 범인임을 목격했다.
C : 나는 범인이다.
D : A의 진술은 진실이다.
E : 나는 범인이 아니다.

① A   ② B
③ C   ④ D
⑤ E

10. 다음 물질 A, B, C의 특성에 대하여 추정한 것으로 옳은 것만을 〈보기〉에서 있는 대로 고른 것은?

갑, 을, 병은 산행을 하다 식용으로 보이는 버섯을 채취하였다. 하산 후 갑은 생버섯 5g과 술 5잔, 을은 끓는 물에 삶은 버섯 5g과 술 5잔, 병은 생버섯 5g만 먹었다.

다음 날 갑과 을은 턱 윗부분만 검붉게 변하는 악취(顎醉) 현상이 나타났으며, 둘 다 5일 동안 지속되었으나 병은 그러한 현상이 없었다. 또한, 세 명은 버섯을 먹은 다음 날 오후부터 미각을 상실했다가, 7일 후 모두 회복되었다. 한 달 후 건강 검진을 받은 세 명은 백혈구가 정상치의 1/3 수준으로 떨어진 것이 발견되어 무균 병실에 입원하였다. 세 명 모두 1주일이 지나 백혈구 수치가 정상이 되어 퇴원하였고 특별한 치료를 한 것은 없었다.

담당 의사는 만성 골수성 백혈병의 권위자였다. 만성 골수성 백혈병은 비정상적인 유전자에 의해 백혈구를 필요 이상으로 증식시키는 티로신 키나아제 효소가 만들어짐으로써 나타난다. 담당 의사는 3개월 전 문제의 버섯을 30g 섭취한 사람이 백혈구의 급격한 감소로 사망한 보고가 있다는 것을 알았으며, 해당 버섯에서 악취 현상 원인 물질 A, 미각 상실 원인 물질 B, 백혈구 감소 원인 물질 C를 분리하였다.

〈보기〉
㉠ A는 알코올과의 상호 작용에 의해서 증상을 일으킨다.
㉡ B는 알코올과의 상관관계는 없고, 물에 끓여도 효과가 약화되지 않는다.
㉢ C는 물에 끓이면 효과가 약화되며, 티로신 키나아제의 작용을 억제하는 물질로 적정량 사용하면 만성 골수성 백혈병 치료제의 가능성이 있다.

① ㉠ ② ㉢
③ ㉠, ㉡ ④ ㉡, ㉢
⑤ ㉠, ㉡, ㉢

11. 다음을 보고 옳은 것을 모두 고르면?

대구교통공사에서 문건 유출 사건이 발생하여 관련자 다섯 명을 소환하였다. 다섯 명의 이름을 편의상 갑, 을, 병, 정, 무라 부르기로 한다. 다음은 관련자들을 소환하여 조사한 결과 참으로 밝혀진 내용들이다.
㉠ 소환된 다섯 명이 모두 가담한 것은 아니다.
㉡ 갑과 을은 문건유출에 함께 가담하였거나 함께 가담하지 않았다.
㉢ 을이 가담했다면 병이 가담했거나 갑이 가담하지 않았다.
㉣ 갑이 가담하지 않았다면 정도 가담하지 않았다.
㉤ 정이 가담하지 않았다면 갑이 가담했고 병은 가담하지 않았다.
㉥ 갑이 가담하지 않았다면 무도 가담하지 않았다.
㉦ 무가 가담했다면 병은 가담하지 않았다.

① 가담한 사람은 갑, 을, 병 세 사람뿐이다.
② 가담하지 않은 사람은 무 한 사람뿐이다.
③ 가담한 사람은 을과 병 두 사람뿐이다.
④ 가담한 사람은 병과 정 두 사람뿐이다.
⑤ 가담한 사람은 갑, 을, 병, 무 이렇게 네 사람이다.

12. 다음 글의 내용이 참일 때, 반드시 참인 것만을 모두 고른 것은?

전통문화 활성화 정책의 일환으로 일부 도시를 선정하여 문화관광특구로 지정할 예정이다. 특구 지정 신청을 받아본 결과, A, B, C, D, 네 개의 도시가 신청하였다. 선정과 관련하여 다음 사실이 밝혀졌다.

- A가 선정되면 B도 선정된다.
- B와 C가 모두 선정되는 것은 아니다.
- B와 D 중 적어도 한 도시는 선정된다.
- C가 선정되지 않으면 B도 선정되지 않는다.

㉠ A와 B 가운데 적어도 한 도시는 선정되지 않는다.
㉡ B도 선정되지 않고, C도 선정되지 않는다.
㉢ D는 선정된다.

① ㉠
② ㉡
③ ㉠, ㉢
④ ㉡, ㉢
⑤ ㉠, ㉡, ㉢

13. 다음의 선발조건을 근거로 판단하여 2026년 3월 인사 파견에 선발될 직원을 모두 고른 것은?

- 대구교통공사는 소속 임직원들의 역량 강화를 위해 정례적으로 인사 파견을 실시하고 있다.
- 인사 파견은 지원자 중 3명을 선발하여 1년간 이루어지고 파견 기간은 변경되지 않는다.
- 선발조건은 다음과 같다.
  - 과장을 선발하는 경우 동일 부서에 근무하는 직원을 1명 이상 함께 선발한다.
  - 동일 부서에 근무하는 2명 이상의 팀장을 선발할 수 없다.
  - 기술본부 직원을 1명 이상 선발한다.
  - 근무평정이 70점 이상인 직원만을 선발한다.
  - 어학능력이 '하'인 직원을 선발한다면 어학 능력이 '상'인 직원도 선발한다.
  - 직전 인사 파견 기간이 종료된 이후 2년이 경과하지 않은 직원을 선발할 수 없다.
- 2025년 3월 인사 파견의 지원자 현황은 다음과 같다.

직원	직위	근무부서	근무평정	어학능력	직전 인사 파견 시작 시점
A	과장	기술본부	65	중	2014. 1.
B	과장	사업본부	75	하	2015. 1.
C	팀장	기술본부	90	중	2015. 7.
D	팀장	차량본부	70	상	2014. 7.
E	팀장	차량본부	75	중	2015. 1.
F	사원	기술본부	75	중	2015. 1.
G	사원	사업본부	80	하	2014. 7.

① A, D, F
② B, D, G
③ B, E, F
④ C, D, G
⑤ D, F, G

14. 반지 상자 A, B, C 안에는 각각 금반지와 은반지 하나씩 들어있고, 나머지 상자는 비어있다. 각각의 상자 앞에는 다음과 같은 말이 씌어있다. 그런데 이 말들 중 하나의 말만이 참이며, 은반지를 담은 상자 앞 말은 거짓이다. 다음 중 항상 맞는 것은?

A 상자 앞 : 상자 B에는 은반지가 있다.
B 상자 앞 : 이 상자는 비어있다.
C 상자 앞 : 이 상자에는 금반지가 있다.

① 상자 A에는 은반지가 있다.
② 상자 A에는 금반지가 있다.
③ 상자 B에는 은반지가 있다.
④ 상자 B에는 금반지가 있다.
⑤ 상자 B는 비어있다.

15. A, B, C, D, E는 형제들이다. 다음의 〈보기〉를 보고 첫째부터 막내까지 올바르게 추론한 것은?

〈보기〉
㉠ A는 B보다 나이가 적다.
㉡ D는 C보다 나이가 적다.
㉢ E는 B보다 나이가 많다.
㉣ A는 C보다 나이가 많다.

① E > B > D > A > C
② E > B > A > C > D
③ E > B > C > D > A
④ D > C > A > B > E
⑤ D > C > A > E > B

16. 다음을 읽고 네 사람의 직업이 중복되지 않을 때 C의 직업이 무엇인지 고르면?

㉠ A가 국회의원이라면 D는 영화배우이다.
㉡ B가 승무원이라면 D는 치과의사이다.
㉢ C가 영화배우면 B는 승무원이다.
㉣ C가 치과의사가 아니라면 D는 국회의원이다.
㉤ D가 치과의사가 아니라면 B는 영화배우가 아니다.
㉥ B는 국회의원이 아니다.

① 국회의원
② 영화배우
③ 승무원
④ 치과의사
⑤ 알 수 없다.

17. 다음 글은 A 변호사가 B 의뢰자에게 하는 커뮤니케이션의 스킬을 나타낸 것이다. 대화를 읽고 A 변호사의 커뮤니케이션 스킬에 대한 내용으로 가장 거리가 먼 것을 고르면?

> A : "좀 꺼내기 어려운 얘기지만 방금 말씀하신 변호사 보수에 대해 저희 사무실 입장을 솔직히 말씀드려도 실례가 되지 않을까요?"
>
> B : 네, 그러세요
>
> A : "아마 알아보시면 아시겠지만 통상 중형법률사무소 변호사들의 시간당 단가가 20만원 내지 40만 원 정도 사이입니다. 이 사건에 투입될 변호사는 3명이고 그 3명의 시간당 단가는 20만원, 25만원, 30만원이며 변호사별로 약 OO 시간 동안 이 일을 하게 될 것 같습니다. 그렇다면 전체적으로 저희 사무실에서 투여되는 비용은 800만 원 정도인데, 지금 의뢰인께서 말씀하시는 300만 원의 비용만을 받게 된다면 저희들은 약 500만 원 정도의 손해를 볼 수밖에 없습니다."
>
> B : 그렇군요.
>
> A : "그 정도로 손실을 보게 되면 저는 대표변호사님이나 선배 변호사님들께 다른 사건을 두고 왜 이 사건을 진행해서 전체적인 사무실 수익성을 악화시켰냐는 질책을 받을 수 있습니다. 어차피 법률사무소도 수익을 내지 않으면 힘들다는 것은 이해하실 수 있으시겠죠?"
>
> B : 네, 이해가 됩니다.
>
> A : "어느 정도 비용을 보장해 주셔야 저희 변호사들이 힘을 내서 일을 할 수 있고, 사무실 차원에서도 제가 전폭적인 지원을 이끌어낼 수 있습니다. 이는 귀사를 위해서도 바람직할 것이라 여겨집니다."
>
> B : 네
>
> A : "너무 제 입장만 말씀 드린 거 같습니다. 제 의견에 대해 어떻게 생각하시는지요?"
>
> B : 듣고 보니 맞는 말씀이네요.

① 상대에게 솔직하다는 느낌을 전달하게 된다.
② 상대가 나의 입장과 감정을 전달해서 상호 이해를 돕는다.
③ 상대는 나의 느낌을 수용하며, 자발적으로 스스로의 문제를 해결하고자 하는 의도를 가진다.
④ 상대에게 개방적이라는 느낌을 전달하게 된다.
⑤ 상대는 변명하려 하거나 반감, 저항, 공격성을 보인다.

18. 다음 글에서 나타난 갈등을 해결한 방법은?

> 갑과 을은 일 처리 방법으로 자주 얼굴을 붉힌다. 갑은 처음부터 끝까지 계획에 따라 일을 진행하려고 하고, 을은 일이 생기면 즉흥적으로 해결하는 성격이다. 같은 회사 동료인 병은 이 둘에게 서로의 성향 차이를 인정할 줄 알아야 한다고 중재를 했고, 이 둘은 어쩔 수 없이 포기하는 것이 아닌 서로간의 차이가 있다는 점을 비로소 인정하게 되었다.

① 사람들과 눈을 자주 마주친다.
② 다른 사람들의 입장을 이해한다.
③ 사람들이 당황하는 모습을 자세하게 살핀다.
④ 자신의 의견을 명확하게 밝히고 지속적으로 강화한다.
⑤ 어려운 문제는 피하지 말고 맞선다.

19. 효과적인 팀이란 팀 에너지를 최대로 활용하는 고성과 팀이다. 다음 중 이러한 '효과적인 팀'이 가진 특징으로 적절하지 않은 것은?

① 역할과 책임을 명료화시킨다.
② 결과보다는 과정에 초점을 맞춘다.
③ 개방적으로 의사소통한다.
④ 개인의 강점을 활용한다.
⑤ 팀 자체의 효과성을 평가한다.

20. 다음 사례에서 장부장이 취할 수 있는 가장 적절한 행동은 무엇인가?

> 서울에 본사를 둔 T그룹은 매년 상반기와 하반기에 한 번씩 전 직원이 워크숍을 떠난다. 이는 평소 직원들 간의 단체생활을 중시 여기는 T그룹 회장의 지침 때문이다. 하지만 워낙 직원이 많은 T그룹이다 보니 전 직원이 한꺼번에 움직이는 것은 불가능하고 각 부서별로 그 부서의 장이 재량껏 계획을 세우고 워크숍을 진행하도록 되어 있다. 이에 따라 생산부서의 장부장은 부원들과 강원도 태백산에 가서 1박 2일로 야영을 하기로 했다. 하지만 워크숍을 가는 날 아침 갑자기 예약한 버스가 고장이 나서 출발을 못한다는 연락을 받았다.

① 워크숍은 장소보다도 이를 통한 부원들의 단합과 화합이 중요하므로 서울 근교의 적당한 장소를 찾아 워크숍을 진행한다.

② 무슨 일이 있어도 계획을 실행하기 위해 새로 예약 가능한 버스를 찾아보고 태백산으로 간다.

③ 어쩔 수 없는 일이므로 상사에게 사정을 얘기하고 이번 워크숍은 그냥 집에서 쉰다.

④ 각 부원들에게 의견을 물어보고 각자 자율적으로 하고 싶은 활동을 하도록 한다.

⑤ 시간이 늦어지더라도 예정된 강원도로 야영을 간다.

21. 다음 중 협상에서 주로 나타나는 실수와 그 대처방안이 잘못된 것은?

① 준비되기도 전에 협상이 시작되는 경우 아직 준비가 덜 되었음을 솔직히 말하고 상대방의 입장을 묻는 기회로 삼는다.

② 협상 상대가 협상에 대하여 타결권한을 가진 최고책임자인지 확인하고 협상을 시작한다.

③ 협상의 통제권을 잃을까 두려워하지 말고 의견 차이를 조정하면서 최선의 해결책을 찾기 위해 노력한다.

④ 설정한 목표와 한계에서 벗어나지 않기 위해 한계와 목표를 기록하고 협상의 길잡이로 삼는다.

⑤ 협상 당사자 간에 기대하는 바에 일관성 있게 헌신적으로 부응한다.

22. 갈등해결방법 모색 시 명심해야 할 사항으로 옳지 않은 것은?

① 다른 사람들의 입장 이해하기

② 어려운 문제에 맞서기

③ 어느 한쪽으로 치우치지 않기

④ 적극적으로 논쟁하기

⑤ 존중하는 자세로 대하기

23. 다음에서 설명하는 갈등해결방법은?

> 자신에 대한 관심은 낮고 상대방에 대한 관심은 높은 경우로, '나는 지고 너는 이기는 방법'이다. 주로 상대방이 거친 요구를 해오는 경우 전형적으로 나타난다.

① 회피형　　　　　② 경쟁형

③ 수용형　　　　　④ 타협형

⑤ 통합형

24. 다음 사례에 나타난 리더십 유형의 특징으로 옳은 것은?

> 이번에 새로 팀장이 된 대근은 입사 5년차인 비교적 젊은 팀장이다. 그는 자신의 팀에 있는 팀원들은 모두 나름대로의 능력과 경험을 가지고 있으며 자신은 그들 중 하나에 불과하다고 생각한다. 따라서 다른 팀의 팀장들과 같이 일방적으로 팀원들에게 지시를 내리거나 팀원들의 의견을 듣고 그 중에서 마음에 드는 의견을 선택적으로 추리는 등의 행동을 하지 않고 평등한 입장에서 팀원들을 대한다. 또한 그는 그의 팀원들에게 의사결정 및 팀의 방향을 설정하는데 참여할 수 있는 기회를 줌으로써 팀 내 행동에 따른 결과 및 성과에 대해 책임을 공유해 나가고 있다. 이는 모두 팀원들의 능력에 대한 믿음에서 비롯된 것이다.

① 질문을 금지한다.

② 모든 정보는 리더의 것이다.

③ 실수를 용납하지 않는다.

④ 책임을 공유한다.

⑤ 핵심정보를 공유하지 않는다.

25.

22 4 2	19 3 1	37 5 2
	5 3 2	54 6 ( )

① 0 ② 1

③ 2 ④ 3

⑤ 4

26.

78 86 92 94 98 106 ( )

① 110 ② 112

③ 114 ④ 116

⑤ 118

27.

$$\frac{1}{3} \quad \frac{4}{5} \quad \frac{13}{9} \quad \frac{40}{17} \quad \frac{121}{33} \quad (\quad) \quad \frac{1093}{129}$$

① $\frac{364}{65}$ ② $\frac{254}{53}$

③ $\frac{413}{48}$ ④ $\frac{197}{39}$

⑤ $\frac{174}{36}$

28.

피자 1판의 가격이 치킨 1마리의 가격의 2배인 가게가 있다. 피자 3판과 치킨 2마리의 가격의 합이 80,000원일 때, 피자 1판의 가격은?

① 10,000원 ② 12,000원

③ 15,000원 ④ 18,000원

⑤ 20,000원

29.

○○그룹은 직원들의 인문학 역량 향상을 위하여 독서 캠페인을 진행하고 있다. 다음 〈표〉는 인사팀 사원 6명의 지난달 독서 현황을 보여주는 자료이다. 이 자료를 바탕으로 할 때, 〈보기〉의 설명 가운데 옳지 않은 것을 모두 고르면?

〈표〉 인사팀 사원별 독서 현황

구분 \ 사원	준호	영우	나현	준걸	주연	태호
성별	남	남	여	남	여	남
독서량(권)	0	2	6	4	8	10

〈보기〉
㉠ 인사팀 사원들의 평균 독서량은 5권이다.
㉡ 남자 사원인 동시에 독서량이 5권 이상인 사원수는 남자 사원수의 50% 이상이다.
㉢ 독서량이 2권 이상인 사원 가운데 남자 사원의 비율은 인사팀에서 여자 사원 비율의 2배이다.
㉣ 여자 사원이거나 독서량이 7권 이상인 사원수는 전체 인사팀 사원수의 50% 이상이다.

① ㉠, ㉡ ② ㉠, ㉢

③ ㉠, ㉣ ④ ㉡, ㉢

⑤ ㉡, ㉣

30. 다음은 '갑' 지역의 연도별 65세 기준 인구의 분포를 나타낸 자료이다. 이에 대한 올바른 해석은 어느 것인가?

구분	인구 수(명)		
	계	65세 미만	65세 이상
2018년	66,557	51,919	14,638
2019년	68,270	53,281	14,989
2020년	150,437	135,130	15,307
2021년	243,023	227,639	15,384
2022년	325,244	310,175	15,069
2023년	465,354	450,293	15,061
2024년	573,176	557,906	15,270
2025년	659,619	644,247	15,372

① 65세 미만 인구수는 조금씩 감소하였다.
② 2025년 인구수가 2018년에 비해 약 10배로 증가한 데에는 65세 미만 인구수의 영향이 크다.
③ 65세 이상 인구수는 매년 지속적으로 증가하였다.
④ 65세 이상 인구수는 매년 전체의 5% 이상이다.
⑤ 전년 대비 65세 이상 인구수가 가장 많이 변화한 3개 연도는 2019년, 2020년, 2024년이다.

31. 다음 표는 우리나라의 기대수명과 고혈압 및 당뇨 유병률, 비만율에 대한 표이다. 이에 대한 설명으로 옳은 것은?

(단위 : 세, %)

	2019	2020	2021	2022	2023	2024	2025
기대수명	79.6	80.1	80.5	80.8	81.2	81.4	81.9
고혈압 유병률	24.6	26.3	26.4	26.9	28.5	29	27.3
당뇨 유병률	9.6	9.7	9.6	9.7	9.8	9	11
비만율	31.7	30.7	31.3	30.9	31.4	32.4	31.8

① 고혈압 유병률과 당뇨 유병률은 해마다 증가하고 있다.
② 고혈압 유병률의 변동은 2023년에 가장 크게 나타났다.
③ 당뇨 유병률의 변동은 1% 이상 나타나지 않는다.
④ 비만율의 증감은 증가 또는 감소와 같이 일정한 방향성이 없다.
⑤ 기대수명은 해마다 0.5세 이상 변동이 나타난다.

32. A, B, C 직업을 가진 부모 세대 각각 200명, 300명, 400명을 대상으로 자녀도 동일 직업을 갖는지 여부를 물은 설문조사 결과가 다음과 같았다. 다음 조사 결과를 올바르게 해석한 설명을 〈보기〉에서 모두 고른 것은 어느 것인가?

〈세대 간의 직업 이전 비율〉

(단위 : %)

자녀 직업 부모 직업	A	B	C	기타
A	35	20	40	5
B	25	25	35	15
C	25	40	25	10

* 한 가구 내에서 부모의 직업은 따로 구분하지 않으며, 모든 자녀의 수는 부모 당 1명이라고 가정한다.

〈보기〉

㈎ 부모와 동일한 직업을 갖는 자녀의 수는 C직업이 A직업보다 많다.

㈏ 부모의 직업과 다른 직업을 갖는 자녀의 비중은 B와 C직업이 동일하다.

㈐ 응답자의 자녀 중 A직업을 가진 사람은 B직업을 가진 사람보다 더 많다.

㈑ 기타 직업을 가진 자녀의 수는 B직업을 가진 부모가 가장 많다.

① ㈏, ㈐, ㈑

② ㈎, ㈏, ㈑

③ ㈎, ㈐, ㈑

④ ㈎, ㈏, ㈐

⑤ ㈎, ㈏, ㈐, ㈑

33. 귀하는 중견기업 영업관리팀 사원으로 매출분석업무를 담당하고 있다. 아래와 같이 엑셀 워크시트로 서울에 있는 강북, 강남, 강서, 강동 등 4개 매장의 '수량'과 '상품코드'별 단가를 이용하여 금액을 산출하고 있다. 귀하가 다음 중 [D2] 셀에서 사용하고 있는 함수식으로 옳은 것은 무엇인가? (금액 = 수량 × 단가)

자료

	A	B	C	D
1	지역	상품코드	수량	금액
2	강북	AA-10	15	45,000
3	강남	BB-20	25	125,000
4	강서	AA-10	30	90,000
5	강동	CC-30	35	245,000
6				
7		상품코드	단가	
8		AA-10	3,000	
9		BB-20	7,000	
10		CC-30	5,000	
11				

① =C2*VLOOKUP(B2,$B$8:$C$10, 1, 1)

② =B2*HLOOKUP(C2,$B$8:$C$10, 2, 0)

③ =C2*VLOOKUP(B2,$B$8:$C$10, 2, 0)

④ =C2*HLOOKUP($B$8:$C$10, 2, B2)

⑤ =B2*HLOOKUP($B$8:$C$10, 2, 0)

34. 다음 워크시트에서처럼 주민등록번호가 입력되어 있을 때, 이 셀의 값을 이용하여 [C1] 셀에 성별을 '남' 또는 '여'로 표시하고자 한다. [C1] 셀에 입력해야 하는 수식은? (단, 주민등록번호의 8번째 글자가 1이면 남자, 2이면 여자이다)

	A	B	C
1	임나라	870808-2235672	
2	정현수	850909-1358527	
3	김동하	841010-1010101	
4	노승진	900202-1369752	
5	은봉미	890303-2251547	

① =CHOOSE(MID(B1,8,1), "여", "남")

② =CHOOSE(MID(B1,8,2), "남", "여")

③ =CHOOSE(MID(B1,8,1), "남", "여")

④ =IF(RIGHT(B1,8)="1", "남", "여")

⑤ =IF(RIGHT(B1,8)="2", "남", "여")

35. 다음 워크시트에서 영업2부의 보험실적 합계를 구하고자 할 때, [G2] 셀에 입력할 수식으로 옳은 것은?

	A	B	C	D	E	F	G
1	성명	부서	성별	보험실적		부서	보험실적 합계
2	윤진주	영업1부	여	13		영업2부	
3	임성민	영업2부	남	12			
4	김옥순	영업1부	여	15			
5	김은지	영업3부	여	20			
6	최준오	영업2부	남	8			
7	윤한성	영업3부	남	9			
8	하은영	영업2부	여	11			
9	남영호	영업1부	남	17			

① =DSUM(A1:D9,3,F1:F2)

② =DSUM(A1:D9,"보험실적",F1:F2)

③ =DSUM(A1:D9,"보험실적",F1:F3)

④ =SUM(A1:D9,"보험실적",F1:F2)

⑤ =SUM(A1:D9,4,F1:F2)

┃36～37┃ 다음은 선택정렬에 관한 설명과 예시이다. 이를 보고 물음에 답하시오.

선택정렬(Selection sort)은 주어진 데이터 중 최솟값을 찾고 최솟값을 정렬되지 않은 데이터 중 맨 앞에 위치한 값과 교환한다. 교환은 두 개의 숫자가 서로 자리를 맞바꾸는 것을 말한다. 정렬된 데이터를 제외한 나머지 데이터를 같은 방법으로 교환하여 반복하면 정렬이 완료된다.

〈예시〉
68, 11, 3, 82, 7을 정렬하려고 한다.

• 1회전 (최솟값 3을 찾아 맨 앞에 위치한 68과 교환)

68	11	3	82	7

3	11	68	82	7

• 2회전 (정렬이 된 3을 제외한 데이터 중 최솟값 7을 찾아 11과 교환)

3	11	68	82	7

3	7	68	82	11

• 3회전 (정렬이 된 3, 7을 제외한 데이터 중 최솟값 11을 찾아 68과 교환)

3	7	68	82	11

3	7	11	82	68

• 4회전 (정렬이 된 3, 7, 11을 제외한 데이터 중 최솟값 68을 찾아 82와 교환)

3	7	11	82	68

3	7	11	68	82

36. 다음 수를 선택정렬을 이용하여 오름차순으로 정렬하려고 한다. 2회전의 결과는?

> 5, 3, 8, 1, 2

① 1, 2, 8, 5, 3

② 1, 2, 5, 3, 8

③ 1, 2, 3, 5, 8

④ 1, 2, 3, 8, 5

⑤ 1, 2, 8, 3, 5

37. 다음 수를 선택정렬을 이용하여 오름차순으로 정렬하려고 한다. 3회전의 결과는?

> 55, 11, 66, 77, 22

① 11, 22, 66, 55, 77

② 11, 55, 66, 77, 22

③ 11, 22, 66, 77, 55

④ 11, 22, 55, 77, 66

⑤ 11, 22, 55, 66, 77

38. 다음 시트처럼 한 셀에 두 줄 이상 입력하려는 경우 줄을 바꿀 때 사용하는 키는?

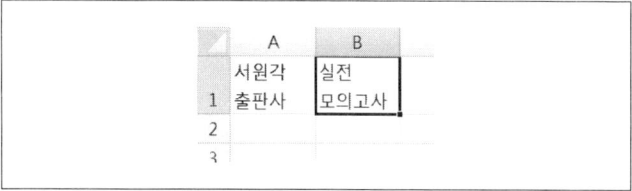

① ⟨Shift⟩ + ⟨Ctrl⟩ + ⟨Enter⟩

② ⟨Alt⟩ + ⟨Enter⟩

③ ⟨Alt⟩ + ⟨Shift⟩ + ⟨Enter⟩

④ ⟨Shift⟩ + ⟨Enter⟩

⑤ ⟨Ctrl⟩ + ⟨Enter⟩

39. 다음 ㉠~㉢의 설명에 맞는 용어가 순서대로 올바르게 짝지어진 것은 어느 것인가?

> ㉠ 유통분야에서 일반적으로 물품관리를 위해 사용된 바코드를 대체할 차세대 인식기술로 꼽히며, 판독 및 해독 기능을 하는 판독기(reader)와 정보를 제공하는 태그(tag)로 구성된다.
> ㉡ 컴퓨터 관련 기술이 생활 구석구석에 스며들어 있음을 뜻하는 '퍼베이시브 컴퓨팅(pervasive computing)'과 같은 개념이다.
> ㉢ 메신저 애플리케이션의 통화 기능 또는 별도의 데이터 통화 애플리케이션을 설치하면 통신사의 이동통신망이 아니더라도 와이파이(Wi-Fi)를 통해 단말기로 데이터 음성통화를 할 수 있으며, 이동통신망의 음성을 쓰지 않기 때문에 국외 통화 시 비용을 절감할 수 있다는 장점이 있다.

① RFID, 유비쿼터스, VoIP

② POS, 유비쿼터스, RFID

③ RFID, POS, 핫스팟

④ POS, VoIP, 핫스팟

⑤ RFID, VoIP, POS

40. 다음 중 아래 시트에서 'C6' 셀에 제시된 바와 같은 수식을 넣을 경우 나타나게 될 오류 메시지는 어느 것인가?

	A	B	C
1	직급	이름	수당(원)
2	과장	홍길동	750,000
3	대리	조길동	600,000
4	차장	이길동	830,000
5	사원	박길동	470,000
6	합계		=SUM(C2:C6)

① #NUM!

② #VALUE!

③ #DIV/0!

④ 순환 참조 경고

⑤ #N/A

✏️ 기계일반(40문항)

41. 다음 중 제동용 기계요소에 해당되는 것은?

① 링크   ② 기어

③ 브레이크   ④ 캠

⑤ 베어링

42. 프레스 가공의 분류 중 전단가공에 해당하지 않는 것은?

① 피어싱   ② 커링

③ 셰이빙   ④ 트리밍

⑤ 노칭

43. 나사에 대한 설명 중 옳지 않은 것은?

① 미터 가는나사는 진동이 있는 경우에 유리하다.

② 다중나사는 회전에 의한 이동거리를 크게 한다.

③ 톱니나사는 한 방향으로 큰 힘을 전달할 때 사용된다.

④ M4는 수나사의 유효지름이 4mm이다.

⑤ 줄수가 2이면, 리드는 피치의 2배가 된다.

44. 다음에서 설명하고 있는 현상은 무엇인가?

> 소성재료의 굽힘 가공에서 재료를 굽힌 다음 압력을 제거하면 원상으로 회복되려는 탄력 작용으로 굽힘량이 감소되는 현상을 말한다.

① 스프링 백   ② 부분 탄성

③ 완전 탄성   ④ 라멜라티어링

⑤ 한계 탄성

45. 다음은 줄에 관한 사항들이다. 이 중 바르지 않은 것은?

① 호칭치수는 자루부분을 포함한 전체 길이로 한다.

② 줄의 사용순서는 황목-중목-세목-유목의 순서이다.

③ 줄을 잡을 때에는 손바닥의 중앙에 자루의 끝을 댄다.

④ 줄눈의 크기는 황목이 가장 크며 유목이 가장 작다.

⑤ 평면 줄 작업법에는 직진법, 사진법, 횡진법이 있다.

46. 연삭숫돌과 관련하여 다음에서 설명하고 있는 현상은?

> 결합제의 힘이 약해서 작은 절삭력이나 충격에 의해서도 쉽게 입자가 탈락하는 현상이다. 이는 연삭숫돌의 성능에 매우 치명적이므로 철저히 관리를 해야만 한다.

① 트루잉   ② 드레싱

③ 글레이징   ④ 로딩

⑤ 스필링

47. 센터로 가공물을 지지하거나 드릴과 리머 등을 고정하여 작업하는 역할을 하는 선반의 주요부분은 무엇인가?

① 베드(bed)

② 주축대(head stock)

③ 심압대(tail stock)

④ 왕복대(carriage)

⑤ 이송대(feed mechanism)

48. 다음은 강과 탄소량의 관계에 관한 사항들이다. 이 중 바르지 않은 것은?

① 강의 탄소함유량이 많아지면 연신율이 감소한다.

② 강의 탄소함유량이 많을수록 용접이 어려워진다.

③ 탄소강은 탄소를 0.03%~2.0% 함유한 철이다.

④ 강은 순철보다는 탄소함량이 많으나 주철보다는 적다.

⑤ 강의 탄소함유량이 많아지면 경도가 감소한다.

49. 다음은 구리의 특성에 관한 사항들이다. 이 중 바르지 않은 것은?

① 가공경화로 경도가 증가한다.

② 경화 정도에 따라 연질,1/4경질,1/2연질로 구분한다.

③ 인장강도는 가공도 70%에서 최대이다.

④ 열간가공에 적당한 온도는 450~550도 이다.

⑤ 융점 이외에 변태점이 존재하지 않는다.

50. 다음 중 열경화성 수지를 모두 고르면?

(a) 폴리염화비닐수지	(b) 초산비닐수지
(c) 페놀수지	(d) 요소수지
(e) 폴리아미드수지	(f) 실리콘수지

① (a), (b), (d)

② (a), (c), (e)

③ (b), (d), (f)

④ (c), (d), (f)

⑤ (c), (e), (f)

51. 다음 담금질 조직 중 경도가 가장 높은 것은?

① 오스테나이트

② 마텐자이트

③ 트루스타이트

④ 소르바이트

⑤ 페라이트

52. 다음 중 미끄럼(슬라이딩)베어링을 구름베어링과 비교한 것으로서 바르지 않은 것은?

① 충격흡수능력이 크다.

② 고속회전에 유리하다.

③ 소음이 작다

④ 마찰계수가 크다

⑤ 추력하중을 용이하게 받는다.

53. 다음 중 유니버설 조인트에 대한 사항으로서 바르지 않은 것은?

① 일직선상에 있지 않은 두 개의 축을 연결하여 자유로이 회전하도록 하는 이음이다.

② 회전하면서 그 축의 중심선의 위치가 달라지는 것에 동력을 전달하는데 사용된다.

③ 원통축이 등속 회전해도 종동축은 부등속 회전한다.

④ 최대 사용각은 45도이다.

⑤ 관계 위치가 끊임없이 변화하는 두 개의 동력 전달 축을 연결한 커플링이다.

54. 두 축이 평행하지도 교차하지도 않으며, 큰 감속비를 얻으려는 곳에 사용하는 기어는?

① 크라운기어

② 헬리컬 기어

③ 평기어

④ 웜기어

⑤ 스퍼어 베벨기어

55. 다음은 여러 가지 밸브에 관한 사항들이다. 이 중 바르지 않은 것은?

① 리프트 밸브는 유체 흐름의 방향과 평행하게 밸브가 개폐되는 것으로 유량을 조절한다.

② 슬루스 밸브는 리프트 밸브의 일종이다.

③ 체크 밸브는 유체를 한쪽 방향으로 흐르게 하는 밸브이다.

④ 나비형 밸브는 조름밸브라고도 하며 평면밸브의 흐름과 평행한 방향으로 회전시켜 유량을 조절한다.

⑤ 회전 밸브는 밸브가 원통 또는 원뿔형으로서 축의 주위로 돌려서 개폐한다.

56. 동일 펌프 2대를 직렬로 설치할 때의 설명으로 맞는 것은?

① 양정과 유량 모두 변화가 없고 압력만 상승한다.

② 양정은 증가하고 유량은 변화가 없다.

③ 양정은 변화가 없으나 유량은 증가한다.

④ 양정은 변화가 없으나 압력수두가 감소한다.

⑤ 양정, 유량 모두 감소한다.

57. 다음 중 1회에 용해할 수 있는 구리의 중량으로 나타내는 것은?

① 도가니로   ② 용광로

③ 전로   ④ 전기로

⑤ 큐폴라

58. 왁스로 제품과 같은 모형을 만들고 이것을 다시 내화물질로 둘러싸고 왁스를 녹인 후 주형으로 사용하는 주조법은?

① 탄산가스 주조법

② 셀 몰드법

③ 인베스트먼트 주조법

④ 원심 주조법

⑤ 칠드 주조법

59. 다음 중 형단조의 특징이 아닌 것은?

① 대량생산이 가능하다.

② 제품이 정밀하지 못하다.

③ 가공비용이 저렴하다.

④ 제작비용이 고가이다.

⑤ 강도 및 내마모성, 내열성이 크다.

60. 다음 중 소성가공으로 옳지 않은 것은?

① 드릴링   ② 단조

③ 인발   ④ 나사전조

⑤ 압출

61. 다음 중 철판을 만드는 가장 유용한 방법은?

① 압연   ② 단조

③ 전조   ④ 펀칭

⑤ 드로잉

62. 롤러 또는 다이스를 이용하여 재료에 국부적인 압력을 가하여 회전시켜 제품을 만드는 가공법을 무엇이라 하는가?

① 단조   ② 압연

③ 전조   ④ 판금

⑤ 전단

63. 다음 중 알루미늄 분말과 산화철을 이용하여 용접하는 방법은?

① 테르밋용접   ② 서브머지드용접

③ 플라즈마용접   ④ 초음파용접

⑤ 전기저항용접

64. 가스용접에서 사용되는 안전기의 역할로 옳은 것은?

① 역화방지

② 불순물 제거

③ 부식방지

④ 가스압력조절

⑤ 절단간격조절

65. 용접부에 생기는 잔류응력을 없애려면 어떻게 하면 되는가?

① 담근질을 한다.

② 뜨임을 한다.

③ 불림을 한다.

④ 풀림을 한다.

⑤ 급랭시킨다.

66. 다음 중 선반의 크기를 나타내는 것은?

① 주축대와 삽입대 사이의 최대 길이

② 왕복대와 베드 사이의 최대 길이

③ 공작물과 베드 사이의 거리

④ 가공할 수 있는 공작물의 최대 지름과 길이

⑤ 가공할 수 있는 공작물의 길이와 베드 사이의 거리

67. 다음 중 두 줄의 비틀림홈드릴의 표준 날끝각은?

① 90°   ② 100°

③ 118°   ④ 135°

⑤ 150°

68. 다음 중 평면절삭에 적당한 커터는?

① 사이드 커터   ② 메탈소

③ 앤드밀   ④ 플레인 커터

⑤ 사이드밀

69. 절삭가공 중 칩의 발생유형으로 옳지 않은 것은?

① 유동형   ② 전단형

③ 균열형   ④ 횡단형

⑤ 열단형

70. 다음 중 모형이나 형판에 따라 바이트를 이동시켜 절삭하는 선반은?

① 모방선반   ② 자동선반

③ 정면선반   ④ 보통선반

⑤ 타입선반

71. 다음 중 드릴의 절삭속도(m/min)를 구하는 공식을 옳게 나타낸 것은?

① $V = \dfrac{2N}{d}$

② $V = \dfrac{\pi d N}{60}$

③ $V = \dfrac{\pi d N}{1,000}$

④ $V = \dfrac{\pi d N}{6,000}$

⑤ $V = \dfrac{\pi d N}{90}$

72. 숫돌바퀴, 일감지지대, 조정숫돌바퀴, 조정대 등으로 구성되어 있으며, 지름이 작고 긴 일감의 연속대량생산에 적합한 연삭기는?

① 원통외면연삭기

② 유성형연삭기

③ 센터리스연삭기

④ 평면연삭기

⑤ 만능공구연삭기

73. 다음 중 각도 측정에 사용되는 것은?

① 오토 콜리미터

② 옵티컬 플랫

③ 블록 게이지

④ 원통 스퀘어

⑤ V블록

74. 다음 중 공차란 무슨 뜻인가?

① 기준치수 − 편차

② 기준치수 − 최대허용치수

③ 최대허용치수 − 기준치수

④ 기준치수 − 최소허용치수

⑤ 최대허용치수 − 최소허용치수

75. 구멍의 직경을 측정할 때 사용할 수 있는 측정기가 아닌 것은?

① 실린더 게이지

② 공기마이크로미터

③ 오토 콜리미터

④ 3점 측정기

⑤ 측장기

76. 다음 중 비파괴 검사법으로 옳지 않은 것은?

① 초음파 탐상법

② 방사선 탐상법

③ 크리프 시험법

④ 쇼어 경도 시험법

⑤ 침투 탐상법

77. 다음 중 Si를 표면에 침투시키는 표면 경화법은?

① 크로마이징

② 세라다이징

③ 실리코나이징

④ 카퍼라이징

⑤ 니켈라이징

78. 탄화 텅스텐 가루와 코발트 가루를 혼합하여 금형에 넣어 가압 성형한 후 고온에서 가열하여 만든 소결합금은?

① 초경합금　　　　　② 세라믹

③ 고탄소강　　　　　④ 고속도강

⑤ 내열강

79. 다음 철강재료 중 탄소함량이 가장 많은 것은?

① 나사못 ② 철사

③ 철판 ④ 쇠톱

⑤ 파이프

80. 담금질한 강의 내부응력을 제거시켜 강인한 성질로 개선시키기 위한 열처리방법을 무엇이라 하는가?

① 풀림 ② 노멀라이징

③ 템퍼링 ④ 표면경화

⑤ 질화

대구교통공사 필기시험 모의고사

절 취 선

직업기초능력평가

문번	1	2	3	4	5
1	①	②	③	④	⑤
2	①	②	③	④	⑤
3	①	②	③	④	⑤
4	①	②	③	④	⑤
5	①	②	③	④	⑤
6	①	②	③	④	⑤
7	①	②	③	④	⑤
8	①	②	③	④	⑤
9	①	②	③	④	⑤
10	①	②	③	④	⑤
11	①	②	③	④	⑤
12	①	②	③	④	⑤
13	①	②	③	④	⑤
14	①	②	③	④	⑤
15	①	②	③	④	⑤
16	①	②	③	④	⑤
17	①	②	③	④	⑤
18	①	②	③	④	⑤
19	①	②	③	④	⑤
20	①	②	③	④	⑤

문번	1	2	3	4	5
21	①	②	③	④	⑤
22	①	②	③	④	⑤
23	①	②	③	④	⑤
24	①	②	③	④	⑤
25	①	②	③	④	⑤
26	①	②	③	④	⑤
27	①	②	③	④	⑤
28	①	②	③	④	⑤
29	①	②	③	④	⑤
30	①	②	③	④	⑤
31	①	②	③	④	⑤
32	①	②	③	④	⑤
33	①	②	③	④	⑤
34	①	②	③	④	⑤
35	①	②	③	④	⑤
36	①	②	③	④	⑤
37	①	②	③	④	⑤
38	①	②	③	④	⑤
39	①	②	③	④	⑤
40	①	②	③	④	⑤

기계일반

문번	1	2	3	4	5
41	①	②	③	④	⑤
42	①	②	③	④	⑤
43	①	②	③	④	⑤
44	①	②	③	④	⑤
45	①	②	③	④	⑤
46	①	②	③	④	⑤
47	①	②	③	④	⑤
48	①	②	③	④	⑤
49	①	②	③	④	⑤
50	①	②	③	④	⑤
51	①	②	③	④	⑤
52	①	②	③	④	⑤
53	①	②	③	④	⑤
54	①	②	③	④	⑤
55	①	②	③	④	⑤
56	①	②	③	④	⑤
57	①	②	③	④	⑤
58	①	②	③	④	⑤
59	①	②	③	④	⑤
60	①	②	③	④	⑤

문번	1	2	3	4	5
61	①	②	③	④	⑤
62	①	②	③	④	⑤
63	①	②	③	④	⑤
64	①	②	③	④	⑤
65	①	②	③	④	⑤
66	①	②	③	④	⑤
67	①	②	③	④	⑤
68	①	②	③	④	⑤
69	①	②	③	④	⑤
70	①	②	③	④	⑤
71	①	②	③	④	⑤
72	①	②	③	④	⑤
73	①	②	③	④	⑤
74	①	②	③	④	⑤
75	①	②	③	④	⑤
76	①	②	③	④	⑤
77	①	②	③	④	⑤
78	①	②	③	④	⑤
79	①	②	③	④	⑤
80	①	②	③	④	⑤

성명

수험번호

수험번호								
⓪	⓪	⓪	⓪	⓪	⓪	⓪	⓪	⓪
①	①	①	①	①	①	①	①	①
②	②	②	②	②	②	②	②	②
③	③	③	③	③	③	③	③	③
④	④	④	④	④	④	④	④	④
⑤	⑤	⑤	⑤	⑤	⑤	⑤	⑤	⑤
⑥	⑥	⑥	⑥	⑥	⑥	⑥	⑥	⑥
⑦	⑦	⑦	⑦	⑦	⑦	⑦	⑦	⑦
⑧	⑧	⑧	⑧	⑧	⑧	⑧	⑧	⑧
⑨	⑨	⑨	⑨	⑨	⑨	⑨	⑨	⑨

대구교통공사

기계일반

제3회 모의고사

성명		생년월일	
문제 수(배점)	80문항	풀이시간	/ 80분
영역	직업기초능력평가, 전공과목(기계일반)		
비고	객관식 5지선다형		

✎ 직업기초능력평가(40문항)

1. 밑줄 친 단어 중 우리말의 어문 규정에 따라 맞게 쓴 것은?

① <u>윗층</u>에 가 보니 전망이 정말 좋다.
② <u>뒷편</u>에 정말 오래된 감나무가 서 있다.
③ 그 일에 <u>익숙지</u> 못하면 그만 두자.
④ <u>생각컨대</u>, 그 대답은 옳지 않을 듯하다.
⑤ <u>윗어른</u>의 말씀은 잘 새겨들어야 한다.

2. 다음 중 띄어쓰기가 옳은 문장은?

① 같은 값이면 좀더 큰것을 달라고 해라.
② 나는 친구가 많기는 하지만 우리 집이 큰지 작은지를 아는 사람은 철수 뿐이다.
③ 진수는 마음 가는 대로 길을 떠났지만 집을 떠난지 열흘이 지나서는 갈 곳마저 없었다.
④ 경진은 애 쓴만큼 돈을 받고 싶었지만 주위에서는 그의 노력을 인정해 주지 않았다.
⑤ 대문밖에서 누군가 서성거리는 모습이 보였다.

3. 외래어 표기가 모두 옳은 것은?

① 뷔페 – 초콜렛 – 컬러
② 컨셉 – 서비스 – 윈도
③ 파이팅 – 악세사리 – 리더십
④ 플래카드 – 로봇 – 캐럴
⑤ 심포지움 – 마이크 – 이어폰

4. 다음 글의 중심 내용으로 가장 적절한 것을 고르시오.

행랑채가 퇴락하여 지탱할 수 없게끔 된 것이 세 칸이었다. 나는 마지못하여 이를 모두 수리하였다. 그런데 그중의 두 칸은 앞서 장마에 비가 샌 지가 오래되었으나, 나는 그것을 알면서도 이럴까 저럴까 망설이다가 손을 대지 못했던 것이고, 나머지 한 칸은 비를 한 번 맞고 샜던 것이라 서둘러 기와를 갈았던 것이다. 이번에 수리하려고 본즉 비가 샌 지 오래된 것은 그 서까래, 추녀, 기둥, 들보가 모두 썩어서 못 쓰게 되었던 까닭으로 수리비가 엄청나게 들었고, 한 번밖에 비를 맞지 않았던 한 칸의 재목들은 완전하여 다시 쓸 수 있었던 까닭으로 그 비용이 많이 들지 않았다.

나는 이에 느낀 것이 있었다. 사람의 몸에 있어서도 마찬가지라는 사실을. 잘못을 알고서도 바로 고치지 않으면 곧 그 자신이 나쁘게 되는 것이 마치 나무가 썩어서 못 쓰게 되는 것과 같으며, 잘못을 알고 고치기를 꺼리지 않으면 해(害)를 받지 않고 다시 착한 사람이 될 수 있으니, 저 집의 재목처럼 말끔하게 다시 쓸 수 있는 것이다. 뿐만 아니라 나라의 정치도 이와 같다. 백성을 좀먹는 무리들을 내버려두었다가는 백성들이 도탄에 빠지고 나라가 위태롭게 된다. 그런 연후에 급히 바로잡으려 하면 이미 썩어 버린 재목처럼 때는 늦은 것이다. 어찌 삼가지 않겠는가.

① 모든 일에 기초를 튼튼히 해야 한다.

② 청렴한 인재 선발을 통해 정치를 개혁해야 한다.

③ 잘못을 알게 되면 바로 고쳐 나가는 자세가 중요하다.

④ 훌륭한 위정자가 되기 위해서는 매사 삼가는 태도를 지녀야 한다.

⑤ 모든 일에는 순서가 있는 법이다.

5. 다음 괄호 안에 알맞은 접속사를 고르시오.

> 비자발적인 행위는 강제나 무지에서 비롯된 행위이다. (　　　) 자발적인 행위는 그것의 단초가 행위자 자신 안에 있다. 행위자 자신 안에 행위의 단초가 있는 경우에는 행위를 할 것인지 말 것인지가 행위자 자신에게 달려 있다.
>
> 욕망이나 분노에서 비롯된 행위들을 모두 비자발적이라고 할 수는 없다. 그것들이 모두 비자발적이라면 인간 아닌 동물 중 어떤 것도 자발적으로 행위를 하는 게 아닐 것이며, 아이들조차 그럴 것이기 때문이다. 우리가 욕망하는 것들 중에는 마땅히 욕망해야 할 것이 있는데, 그러한 욕망에 따른 행위는 비자발적이라고 할 수 없다. 실제로 우리는 어떤 것들에 대해서는 마땅히 화를 내야하며, 건강이나 배움과 같은 것은 마땅히 욕망해야 한다. 따라서 욕망이나 분노에서 비롯된 행위를 모두 비자발적인 것으로 보아서는 안 된다.

① 반면에

② 더욱이

③ 그래서

④ 그럼에도 불구하고

⑤ 따라서

6. 다음 글을 읽고 독자의 반응으로 적절한 것은?

> 제15조
>
> ① 청약은 상대방에게 도달한 때에 효력이 발생한다.
>
> ② 청약은 철회될 수 없는 것이더라도, 철회의 의사표시가 청약의 도달 전 또는 그와 동시에 상대방에게 도달하는 경우에는 철회될 수 있다.
>
> 제16조 청약은 계약이 체결되기까지는 철회될 수 있지만, 상대방이 승낙의 통지를 발송하기 전에 철회의 의사표시가 상대방에게 도달되어야 한다. 다만 승낙기간의 지정 또는 그 밖의 방법으로 청약이 철회될 수 없음이 청약에 표시되어 있는 경우에는 청약은 철회될 수 없다.
>
> 제17조
>
> ① 청약에 대한 동의를 표시하는 상대방의 진술 또는 그 밖의 행위는 승낙이 된다. 침묵이나 부작위는 그 자체만으로 승낙이 되지 않는다.
>
> ② 청약에 대한 승낙은 동의의 의사표시가 청약자에게 도달하는 시점에 효력이 발생한다. 청약자가 지정한 기간 내에 동의의 의사표시가 도달하지 않으면 승낙의 효력이 발생하지 않는다.
>
> 제18조 계약은 청약에 대한 승낙의 효력이 발생한 시점에 성립된다.
>
> 제19조 청약, 승낙, 그 밖의 의사표시는 상대방에게 구두로 통고된 때 또는 그 밖의 방법으로 상대방 본인, 상대방의 영업소나 우편주소에 전달된 때, 상대방이 영업소나 우편 주소를 가지지 아니한 경우에는 그의 상거소(常居所)에 전달된 때에 상대방에게 도달된다.

① 민우 : 계약은 청약에 대한 승낙의 효력이 발생할 때 성립되는구나.

② 정범 : 청약에 대한 부작위는 그 자체만으로 승낙이 될 수 있어.

③ 우수 : 청약자가 지정한 기간 내에 동의의 의사표시가 도달하지 않으면 승낙의 효력은 발생해.

④ 인성 : 청약은 계약이 체결되기까지는 철회될 수 없어.

⑤ 현진 : 청약은 상대방에게 도달하지 않아도 그 자체로 효력이 발생해.

7. 다음 글을 읽고 알 수 있는 내용이 아닌 것은?

농업이 경제에서 차지하는 비중이 절대적이었던 청나라는 백성들로부터 토지세(土地稅)와 인두세(人頭稅)를 징수하였다. 토지세는 토지를 소유한 사람들에게 토지 면적을 기준으로 부과되었는데, 단위 면적당 토지세액은 지방마다 달랐다. 한편 인두세는 모든 성인 남자들에게 부과되었는데, 역시 지방마다 금액에 차이가 있었다. 특히 인두세를 징수하기 위해서 정부는 정기적인 인구조사를 통해서 성인 남자 인구의 변동을 정밀하게 추적해야 했다.

그러다가 1712년 중국의 황제는 태평성대가 계속되고 있음을 기념하기 위해서 전국에서 거두는 인두세의 총액을 고정시키고 앞으로 늘어나는 성인 남자 인구에 대해서는 인두세를 징수하지 않겠다는 법령을 반포하였다. 1712년의 법령 반포 이후 지방에서 조세를 징수하는 관료들은 고정된 인두세 총액을 토지세 총액에 병합함으로써 인두세를 토지세에 부가하는 형태로 징수하는 조세 개혁을 추진하기 시작했다. 즉 해당 지방의 인두세 총액을 토지 총면적으로 나누어서 얻은 값을 종래의 단위면적당 토지세액에 더하려 했던 것이다. 그런데 조세 개혁에 대한 반발 정도가 지방마다 달랐고, 반발정도가 클수록 조세 개혁은 더 느리게 진행되었다. 이때 각 지방의 개혁에 대한 반발정도는 단위면적당 토지세액의 증가율에 정비례 하였다.

① 1712년 중국의 황제는 전국에서 거두는 인두세의 총액을 고정시키고 늘어나는 성인 남자 인구에 대해서는 인두세를 징수하지 않겠다는 법령을 반포하였다.

② 조세 개혁에 대한 반발 정도가 지방마다 달랐고, 반발정도가 클수록 조세 개혁은 더 느리게 진행되었다.

③ 인두세는 모든 성인 남자들에게 부과되었는데, 지방마다 금액에 차이가 있었다.

④ 토지세는 토지를 소유한 사람들에게 부과되었는데, 토지세액은 지방마다 달랐다.

⑤ 1712년의 법령 반포 이후 관료들은 고정된 토지세 총액을 인두세 총액에 병합함으로써 토지세를 인두세에 부가하는 형태로 징수하는 조세 개혁을 추진하기 시작했다.

8. 다음 글의 제목으로 가장 적절한 것을 고르시오.

현재 하천수 사용료는 국가 및 지방하천에서 생활·공업·농업·환경개선·발전 등의 목적으로 하천수를 취수할 때 허가를 받고 사용료를 납부하도록 하고 있다. 또한 사용료 징수 주체를 과거에는 국가하천은 국가, 지방하천은 지자체에서 허가하던 것을 2008년부터 하천수 사용의 허가 체계를 국토교통부로 일원화하여 관리하고 있다.

이를 위하여 크게 두 가지, 즉 하천 점용료 및 사용료 징수의 강화 및 현실화와 친수구역개발에 따른 개발이익의 환수와 활용에 대하여 보다 구체적인 실현방안을 추진하여 안정적이고 합리적 물 관리 재원 조성 기반을 확보하여야 한다. 하천시설이나 점용 시설에 대한 국가 관리기능 강화와 이에 의거한 점·사용료 부과·징수 기능을 확대하여야 한다. 그리고 실질적인 편익을 기준으로 하는 점·사용료 부과 등을 추진하는 것이 주효할 것이다. 국가하천정비사업 등을 통하여 조성·정비된 각종 친수시설이나 공간 등에 대한 국가 관리 권한의 확대를 통해 하천 관리의 체계성·계획성을 제고하여 나가야 한다. 다음으로 친수 구역에 대한 개발이익을 환수하여 하천구역 및 친수관리구역의 통합적 관리·이용을 위한 재원으로의 활용을 추진할 필요가 있으며, 하천구역 정비·관리에 의한 편익을 향유하는 하천연접지역에서의 개발행위에 대해 수익자 부담원칙을 적용할 필요가 있다. 국민생활 밀착 공간, 환경오염 민감 지역, 국토방재 공간이라는 다면적 특성을 지닌 하천연접지역의 체계적이고 계획적인 관리와 이를 위한 재원 마련이 하천관리의 핵심적인 이슈이기 때문이다.

① 하천수 사용자에 대한 이익 환수 강화

② 하천수 사용료 제도의 실효성 확보

③ 국가의 하천 관리 개선 방안 제시

④ 현실적인 하천수 요금체계로의 전환

⑤ 하천수 사용료 제도의 문제점

9. 다음의 사전 정보를 활용하여 제품 A, B, C 중 하나를 사려고 한다. 다음 중 생각할 수 없는 상황은?

- 성능이 좋을수록 가격이 비싸다.
- 성능이 떨어지는 두 종류의 제품 가격의 합은 성능이 가장 좋은 다른 하나의 제품 가격보다 낮다.
- B는 성능이 떨어지는 제품이다.

① A제품이 가장 저렴하다.
② A제품과 B제품의 가격이 같다.
③ A제품과 C제품은 성능이 같다.
④ A제품보다 성능이 좋은 제품도 있다.
⑤ A제품이 가장 비싸다.

10. 다음은 2023 ~ 2025년 A국 10대 수출품목의 수출액에 관한 내용이다. 제시된 표에 대한 〈보기〉의 설명 중 옳은 것만 모두 고른 것은?

〈표 1〉 A국 10대 수출품목의 수출액 비중과 품목별 세계수출 시장 점유율(금액기준)

(단위 : %)

구분 연도 품목	A국의 전체 수출액에서 차지하는 비중			품목별 세계수출시장에서 A국의 점유율		
	2023	2024	2025	2023	2024	2025
백색가전	13.0	12.0	11.0	2.0	2.5	3.0
TV	14.0	14.0	13.0	10.0	20.0	25.0
반도체	10.0	10.0	15.0	30.0	33.0	34.0
휴대폰	16.0	15.0	13.0	17.0	16.0	13.0
2,000cc 이하 승용차	8.0	7.0	8.0	2.0	2.0	2.3
2,000cc 초과 승용차	6.0	6.0	5.0	0.8	0.7	0.8
자동차용 배터리	3.0	4.0	6.0	5.0	6.0	7.0
선박	5.0	4.0	3.0	1.0	1.0	1.0
항공기	1.0	2.0	3.0	0.1	0.1	0.1
전자부품	7.0	8.0	9.0	2.0	1.8	1.7
계	83.0	82.0	86.0	–	–	–

※ A국의 전체 수출액은 매년 변동 없음

〈표 2〉 A국 백색가전의 세부 품목별 수출액 비중

(단위 : %)

연도 세부품목	2023	2024	2025
일반세탁기	13.0	10.0	8.0
드럼세탁기	18.0	18.0	18.0
일반냉장고	17.0	12.0	11.0
양문형 냉장고	22.0	26.0	28.0
에어컨	23.0	25.0	26.0
공기청정기	7.0	9.0	9.0
계	100.0	100.0	100.0

ⓒ 2023년과 2025년 선박이 세계수출시장 규모는 같다.
ⓛ 2024년과 2025년 A국의 전체 수출액에서 드럼세탁기가 차지하는 비중은 전년대비 매년 감소한다.
ⓒ 2024년과 2025년 A국의 10대 수출품목 모두 품목별 세계 수출시장에서 A국의 점유율은 전년대비 매년 증가한다.
ⓔ 2025년 항공기 세계수출시장 규모는 A국 전체 수출액의 15배 이상이다.

① ㉠, ㉡   ② ㉠, ㉢
③ ㉡, ㉢   ④ ㉡, ㉣
⑤ ㉡, ㉢, ㉣

11. 다음 글을 근거로 판단할 때, 재산등록 의무자(A ~ E)의 재산등록 대상으로 옳은 것은?

> 재산등록 및 공개 제도는 재산등록 의무자가 본인, 배우자 및 직계존·비속의 재산을 주기적으로 등록·공개하도록 하는 제도이다. 이 제도는 재산등록 의무자의 재산 및 변동사항을 국민에게 투명하게 공개함으로써 부정이 개입될 소지를 사전에 차단하여 공직 사회의 윤리성을 높이기 위해 도입되었다.
>
> • 재산등록 의무자 : 대통령, 국무총리, 국무의원, 지방자치단체장 등 국가 및 지방자치단체의 정무직 공무원, 4급 이상의 일반직·지방직 공무원 및 이에 상당하는 보수를 받는 별정직 공무원, 대통령령으로 정하는 외무공무원 등
> • 등록대상 친족의 범위 : 본인, 배우자, 본인의 직계존·비속. 다만, 혼인한 직계비속인 여성, 외증조부모, 외조부모 및 외손자녀, 외증손자녀는 제외한다.
> • 등록대상 재산 : 부동산에 관한 소유권·지상권 및 전세권, 자동차·건설기계·선박 및 항공기, 합명회사·합자회사 및 유한회사의 출자 지분, 소유자별 합계액 1천만 원 이상의 현금·예금·증권·채권·채무, 품목당 5백만 원 이상의 보석류, 소유자별 연간 1천만 원 이상의 소득이 있는 지식재산권

※ 직계존속 : 부모, 조부모, 증조부모 등 조상으로부터 자기에 이르기까지 직계로 하여 내려온 혈족
※ 직계비속 : 자녀, 손자, 증손 등 자기로부터 아래로 직계로 이어 내려가는 혈족

① 시청에 근무하는 4급 공무원 A의 동생이 소유한 아파트
② 시장 B의 결혼한 딸이 소유한 1,500만 원의 정기예금
③ 도지사 C의 아버지가 소유한 연간 600만 원의 소득이 있는 지식재산권
④ 정부부처 4급 공무원 상당의 보수를 받는 별정직 공무원 D의 아들이 소유한 승용차
⑤ 정부부처 4급 공무원 E의 이혼한 전처가 소유한 1,000만 원 상당의 다이아몬드

12. 다음 글을 근거로 판단할 때 옳은 것은?

> ○○리그는 10개의 경기장에서 진행되는데, 각 경기장은 서로 다른 도시에 있다. 또 이 10개 도시 중 5개는 대도시이고 5개는 중소도시이다. 매일 5개 경기장에서 각각 한 경기가 열리면 한 시즌 당 각 경기장에서 열리는 경기의 횟수는 10개 경기장 모두 동일하다.
>
> 대도시의 경기장은 최대수용인원이 3만 명이고, 중소도시의 경기장은 최대수용인원이 2만 명이다. 대도시 경기장의 경우는 매 경기 60%의 좌석 점유율을 나타내고 있는 반면 중소도시 경기장의 경우는 매 경기 70%의 좌석 점유율을 보이고 있다. 특정 경기장의 관중수는 그 경기장의 좌석 점유율에 최대수용인원을 곱하여 구한다.

① ○○리그의 1일 최대 관중수는 16만 명이다.
② 중소도시 경기장의 좌석 점유율이 10%p 높아진다면 대도시 경기장 한 곳의 관중수보다 중소도시 경기장 한 곳의 관중수가 더 많아진다.
③ 내년 시즌부터 4개의 대도시와 6개의 중소도시에서 경기가 열린다면 ○○리그의 한 시즌 전체 누적 관중수는 올 시즌 대비 2.5% 줄어든다.
④ 대도시 경기장의 좌석 점유율이 중소도시 경기장과 같고 최대수용인원은 그대로라면, ○○리그의 1일 평균 관중수는 11만 명을 초과하게 된다.
⑤ 중소도시 경기장의 최대수용인원이 대도시 경기장과 같고 좌석 점유율은 그대로라면, ○○리그의 1일 평균 관중수는 11만 명을 초과하게 된다.

13. 다음 연차수당 지급규정과 연차사용 내역을 참고로 할 때, 현재 지급받을 수 있는 연차수당의 금액이 같은 두 사람은 누구인가? (단, 일 통상임금=월 급여 ÷ 200시간 × 8시간, 만 원 미만 버림 처리한다)

제60조(연차 유급휴가)

① 사용자는 1년간 80퍼센트 이상 출근한 근로자에게 15일의 유급휴가를 주어야 한다.

② 사용자는 계속하여 근로한 기간이 1년 미만인 근로자 또는 1년간 80퍼센트 미만 출근한 근로자에게 1개월 개근 시 1일의 유급휴가를 주어야 한다.

③ 사용자는 근로자의 최초 1년간의 근로에 대하여 유급휴가를 주는 경우에는 제2항에 따른 휴가를 포함하여 15일로 하고, 근로자가 제2항에 따른 휴가를 이미 사용한 경우에는 그 사용한 휴가 일수를 15일에서 뺀다.

④ 사용자는 3년 이상 계속하여 근로한 근로자에게는 제1항에 따른 휴가에 최초 1년을 초과하는 계속 근로 연수 매 2년에 대하여 1일을 가산한 유급휴가를 주어야 한다. 이 경우 가산휴가를 포함한 총 휴가 일수는 25일을 한도로 한다.

⑤ 사용자는 제1항부터 제4항까지의 규정에 따른 휴가를 근로자가 청구한 시기에 주어야 하고, 그 기간에 대하여는 취업규칙 등에서 정하는 통상임금 또는 평균임금을 지급하여야 한다. 다만, 근로자가 청구한 시기에 휴가를 주는 것이 사업 운영에 막대한 지장이 있는 경우에는 그 시기를 변경할 수 있다.

⑥ 제1항부터 제3항까지의 규정을 적용하는 경우 다음 각 호의 어느 하나에 해당하는 기간은 출근한 것으로 본다.

1. 근로자가 업무상의 부상 또는 질병으로 휴업한 기간
2. 임신 중의 여성이 제74조제1항부터 제3항까지의 규정에 따른 휴가로 휴업한 기간

⑦ 제1항부터 제4항까지의 규정에 따른 휴가는 1년간 행사하지 아니하면 소멸된다. 다만, 사용자의 귀책사유로 사용하지 못한 경우에는 그러하지 아니하다.

직원	근속년수	월 급여(만 원)	연차사용일수
김 부장	23년	500	19일
정 차장	14년	420	7일
곽 과장	7년	350	14일
남 대리	3년	300	5일
임 사원	2년	270	3일

① 김 부장, 임 사원
② 정 차장, 곽 과장
③ 곽 과장, 남 대리
④ 김 부장, 남 대리
⑤ 정 차장, 남 대리

14. 다음에 제시된 명제들이 모두 참일 경우, 이 조건들에 따라 내릴 수 있는 결론으로 적절한 것은?

a. 인사팀을 좋아하지 않는 사람은 생산팀을 좋아한다.
b. 기술팀을 좋아하지 않는 사람은 홍보팀을 좋아하지 않는다.
c. 인사팀을 좋아하는 사람은 비서실을 좋아하지 않는다.
d. 비서실을 좋아하지 않는 사람은 홍보팀을 좋아한다.

① 홍보팀을 싫어하는 사람은 인사팀을 좋아한다.
② 비서실을 싫어하는 사람은 생산팀도 싫어한다.
③ 기술팀을 싫어하는 사람은 생산팀도 싫어한다.
④ 생산팀을 좋아하는 사람은 기술팀을 싫어한다.
⑤ 생산팀을 좋아하지 않는 사람은 기술팀을 좋아한다.

15. A, B, C, D, E 다섯 명의 기사가 점심 식사 후 철로 보수 작업을 하러 가야 한다. 다음의 조건을 모두 만족할 경우, 항상 거짓인 것은?

- B는 C보다 먼저 작업을 하러 나갔다.
- A와 B 두 사람이 동시에 가장 먼저 작업을 하러 나갔다.
- E보다 늦게 작업을 하러 나간 사람이 있다.
- D와 동시에 작업을 하러 나간 사람은 없었다.

① E는 D보다 먼저 작업을 하러 나가게 되었다.
② C와 D 중, C가 먼저 작업을 하러 나가게 되었다.
③ B가 D보다 늦게 작업을 하러 나가게 되는 경우는 없다.
④ A는 C나 D보다 먼저 작업을 하러 나가게 되었다.
⑤ E가 C보다 먼저 작업을 하러 나가게 되는 경우는 없다.

16. M사의 총무팀에서는 A 부장, B 차장, C 과장, D 대리, E 대리, F 사원이 각각 매 주말마다 한 명씩 사회봉사활동에 참여하기로 하였다. 이들이 다음에 따라 사회봉사활동에 참여할 경우, 두 번째 주말에 참여할 수 있는 사람으로 짝지어진 것은?

---

1. B 차장은 A 부장보다 먼저 봉사활동에 참여한다.
2. C 과장은 D 대리보다 먼저 봉사활동에 참여한다.
3. B 차장은 첫 번째 주 또는 세 번째 주에 봉사활동에 참여한다.
4. E 대리는 C 과장보다 먼저 봉사활동에 참여하며, E 대리와 C 과장이 참여하는 주말 사이에는 두 번의 주말이 있다.

---

① A 부장, B 차장
② D 대리, E 대리
③ E 대리, F 사원
④ B 차장, C 과장, D 대리
⑤ E 대리

17. 다음의 내용은 놀이시설 서비스 기업에서 서비스 향상을 통한 고객만족이라는 결과를 도출해내기 위해 5개 서비스 팀의 팀장들이 모여 모니터링을 하며 분석하고 있다. 이 중 해당 사례에서 다루고 있는 고객에 대한 내용을 정확하게 분석하고 있는 팀장은 누구인가?

〈사례〉

놀이시설을 이용함에 있어 아이들의 신장제한에 대해 단체로 부모와 동반해서 방문하는 아이들이 다른 친구들은 다 놀이시설 이용을 하는데, 내 자녀의 경우에만 키가 작은 관계로 놀이시설을 활용하지 못하게 될 시에 이런 아이들의 신장제한 및 이용권 등에 대한 환불을 요청하게 되는 경우가 많다. 특히 자신의 자녀가 신장이 미달되어 즐겁게 놀이시설을 이용하지 못하게 되는 경우에 해당 부모와 자녀는 깊은 상실감에 빠지며 자녀의 경우에는 스스로의 작은 신장에 대해 억울해하며 다른 자녀들이 즐겁게 즐기는 놀이시설을 내 자녀만 이용하지 못한다는 생각에 그에 대한 화풀이로서 사소한 이유를 갖다 붙이면서 컴플레인을 제기한다. 그런 경우 일선의 직원들은 해당 부모의 마음을 이해하고 이에 대한 공감을 나타내며 상실감에 빠진 부모 및 아이들의 기분을 풀어주고 조언을 한다. 이러한 경우의 고객은 고객 자신의 말을 끝까지 경청하게 되면 어느 정도의 화를 누르게 되며 이성적으로 돌아와서 오히려 해당 컴플레인은 빨리 종료할 수 있게 된다. 하지만 주의할 점은 고객의 말을 가로막거나 회사의 규정을 운운하게 되면 오히려 고객의 화를 부추기며 동시에 회사의 이미지도 실추할 우려가 생기게 되는 것이다.

---

① 유리 : 스스로가 주어진 상황에 대한 의사결정을 하지 못하고 누군가가 해결해 주기만을 바라며 주변만 빙빙 돌면서 요점을 명확하게 말하지 않는 고객이지

② 연철 : 이런 고객들은 대체로 상대에 대해 무조건적으로 비꼬거나 빈정거림으로 인해 허영심이 강하고 꼬투리만을 잡아 작은 문제에 집착하는 고객이지

③ 선아 : 상당히 사교적인 고객이며, 타인이 자신을 좋아해주기를 바라는 욕구가 마음 깊이 내재화된 고객이라 할 수 있어.

④ 지혜 : 이런 고객의 경우에 자신의 방법만이 최선이라 생각하고 타인의 피드백은 받아들이려 하지 않으며 오히려 자신의 주장만을 관철시키기 위해 거만하며 도발적인 상황을 만드는 고객이지

⑤ 원모 : 이것저것 무조건적으로 캐묻고 고개를 갸우뚱거리는 의심이 많은 고객으로 애써서 해당 고객에게 비위를 맞추어주지 않아도 되는 고객이라 할 수 있어

18. 다음의 2가지 상황을 보고 유추 가능한 내용으로 보기 가장 어려운 것을 고르면?

(상황1)
회계팀 신입사원인 현진이는 맞선임인 수정에게 회계의 기초를 교육 및 훈련받고 있는 상황이다. 이렇듯 현진이의 입장에서는 인내심 있고 성의 있는 선임을 만나는 것이 신입사원인 현진이에게는 중요한 포인트가 된다.
수정 : 여기다 넣어야지. 더하고 더해서 여기에 넣는 거지. 그래, 안 그래?

(상황2)
회사에서 선후배관계인 성수와 지현이는 내기바둑을 두고 있다. 선임인 성수와 후임인 지현이는 1시간째 승부를 가르지 못하는 있었는데, 마침 바둑을 두다 중간중간 졸고 있는 후임인 지현이에게 성수가 말을 하는 상황이다.
성수 : 게으름, 나태, 권태, 짜증, 우울, 분노 모두 체력이 버티지 못해 정신이 몸의 지배를 받아 나타나는 증상이야
지현 : …
성수 : 네가 후반에 종종 무너지는 이유, 데미지를 입은 후 회복이 더딘 이유, 실수한 후 복구가 더딘 이유는 모두 체력의 한계 때문이야
지현 : …
성수 : 체력이 약하면 빨리 편안함을 찾기 마련이고, 그러다 보면 인내심이 떨어지고 그 피로감을 견디지 못하게 되면 승부 따위는 상관없는 지경에 이르지
지현 : 아, 그렇군요
성수 : 이기고 싶다면 충분한 고민을 버텨줄 몸을 먼저 만들어. 네가 이루고 싶은 게 있거든 체력을 먼저 길러라
지현 : 네 선배님 감사합니다.

① 부하직원의 능력을 향상시키는 것을 책임지는 교육이어야 한다는 생각으로부터 출발한 방식이다.
② 작업현장에서 상사가 부하 직원에게 업무 상 필요로 하는 능력 등을 중점적으로 지도 및 육성한다.
③ 조직의 필요에 합치되는 교육이 가능하다.
④ 직무 중에 이루어지는 교육훈련을 말하는 것으로 구성원들은 구체적 업무목표의 달성이 가능하다.
⑤ 지도자 및 교육자 사이의 친밀감을 형성하기에 용이하지 않다.

19. 다음 두 사례를 읽고 하나가 가지고 있는 임파워먼트의 장애요인으로 옳은 것은?

〈사례1〉
○○그룹에 다니는 민대리는 이번에 새로 입사한 신입직원 하나에게 최근 3년 동안의 매출 실적을 정리해서 올려달라고 부탁하였다. 더불어 기존 거래처에 대한 DB를 새로 업데이트하고 회계팀으로부터 전달받은 통계자료를 토대로 새로운 마케팅 보고서를 작성하라고 지시하였다. 하지만 하나는 일에 대한 열의는 전혀 없이 그저 맹목적으로 지시받은 업무만 수행하였다. 민대리는 그녀가 왜 업무에 열의를 보이지 않는지, 새로운 마케팅 사업에 대한 아이디어를 내놓지 못하는지 의아해 했다.

〈사례2〉
□□기업에 다니는 박대리는 이번에 새로 입사한 신입직원 희진에게 최근 3년 동안의 매출 실적을 정리해서 올려달라고 부탁하였다. 더불어 기존 거래처에 대한 DB를 새로 업데이트하고 회계팀으로부터 전달받은 통계자료를 토대로 새로운 마케팅 보고서를 작성하라고 지시하였다. 희진은 지시받은 업무를 확실하게 수행했지만 일에 대한 열의는 전혀 없었다. 이에 박대리는 그녀와 함께 실적자료와 통계자료들을 살피며 앞으로의 판매 향상에 도움이 될 만한 새로운 아이디어를 생각하여 마케팅 계획을 세우도록 조언하였다. 그제야 희진은 자신에게 주어진 프로젝트에 대해 막중한 책임감을 느끼고 자신의 판단에 따라 효과적인 해결책을 만들었다.

① 책임감 부족
② 갈등처리 능력 부족
③ 경험 부족
④ 제한된 정책과 절차
⑤ 집중력 부족

20. 고객서비스 팀의 과장인 A는 아침부터 제품에 대한 문의를 해오는 여러 유형의 고객들에게 전화로 설명하고 있다. 하지만 모든 고객이 동일하지는 않다는 것을 전화업무를 통해 항상 느끼는 A는 그 동안의 전화업무를 통해 고객의 유형 및 이에 대한 특징을 구체화시키게 되었다. 다음 중 A가 파악한 고객의 유형 및 그 특징의 연결로 가장 바르지 않은 것을 고르면?

① 전문가형 고객 – 자신을 과시하는 스타일의 고객으로 자신이 모든 것을 다 알고 있는 전문가처럼 행동하는 경향이 짙다.

② 호의적인 고객 – 사교적, 협조적이고 합리적이면서 진지한 반면에 자신이 하고 싶지 않거나 할 수 없는 일에도 약속을 해서 상대방을 실망시키는 경우도 있다.

③ 저돌적인 고객 – 상황을 처리하는데 있어 단지 자신이 생각한 한 가지 방법 밖에 없다고 믿도록 타인으로부터의 피드백을 받아들이려 하지 않는 경향이 강하다.

④ 우유부단한 고객 – 타인이 자신을 위해 의사결정을 내려주기를 기다리는 경향이 있다.

⑤ 빈정거리는 고객 – 자아가 강하면서 끈질긴 성격을 가진 사람이다.

21. 다음 대인매력 요인의 연결이 바르지 않은 항목을 고르면?

① 매력성 – 매력적인 사람들을 더 좋아하는 경향이 있는 것

② 상호성 – 사람들은 자신을 좋아하는 사람에게 호감을 가지게 되고 서로 호의적인 감정이 이루어지는 것

③ 근접성 – 지리적 또는 공간적으로 가까운 사람에게 매력을 느끼는 것을 말하는 것

④ 친숙성 – 자주 접할수록 좋아지게 되는 경향이 있는 것

⑤ 상보성 – 자기 자신을 좋아하는 사람에게 호혜적으로 매력을 느끼는 경향이 있는 것

22. 대인관계능력을 구성하는 하위능력 중 현재 동신과 명섭의 팀에게 가장 필요한 능력은 무엇인가?

올해 E그룹에 입사하여 같은 팀에서 근무하게 된 동신과 명섭은 다른 팀에 있는 입사동기들과 외딴 섬으로 신입사원 워크숍을 가게 되었다. 그 곳에서 각 팀별로 1박 2일 동안 스스로 의·식·주를 해결하며 주어진 과제를 수행하는 임무가 주어졌는데 동신은 부지런히 섬 이 곳 저 곳을 다니며 먹을 것을 구해오고 숙박할 장소를 마련하는 등 솔선수범 하였지만 명섭은 단지 섬을 돌아다니며 경치 구경만 하고 사진 찍기에 여념이 없었다. 그리고 과제수행에 있어서도 동신은 적극적으로 임한 반면 명섭은 소극적인 자세를 취해 그 결과 동신과 명섭의 팀만 과제를 수행하지 못했고 결국 인사상의 불이익을 당하게 되었다.

① 리더십능력   ② 팀워크능력

③ 협상능력   ④ 고객서비스능력

⑤ 소통능력

23. 다음 대화를 보고 이 과장의 말이 협상의 5단계 중 어느 단계에 해당하는지 고르면?

김 실장 : 이 과장, 출장 다녀오느라 고생했네.

이 과장 : 아닙니다. KTX 덕분에 금방 다녀왔습니다.

김 실장 : 그래, 다행이군. 오늘 협상은 잘 진행되었나?

이 과장 : 그게 말입니다. 실장님. 오늘 협상을 진행하다가 새로운 사실을 알게 되었습니다. 민원인측이 지금껏 주장했던 고가차도 건립계획 철회는 표면적 요구사항이었던 것 같습니다. 오늘 장시간 상대방 측 대표들과 이야기를 나누면서 고가차고 건립자체보다 그로 인한 초등학교 예정부지의 이전, 공사 및 도로 소음 발생, 그리고 녹지 감소가 실질적 불만이라는 걸 알게 되었습니다. 고가차도 건립을 계획대로 추진하면서 초등학교의 건립 예정지를 현행 유지하고, 3중 방음시설 설치, 아파트 주변 녹지 조성 계획을 제시하면 충분히 협상을 진척시킬 수 있을 것 같습니다.

① 협상시작단계   ② 상호이해단계

③ 실질이해단계   ④ 해결대안단계

⑤ 합의문서단계

24. 다음은 고객 불만 처리 프로세스이다. 빈칸에 들어갈 내용을 순서대로 나열한 것은?

경청 → 감사와 공감표시 → (   ) → 해결약속 → (   ) → 신속처리 → 처리확인과 사과 → (   )

① 정보파악, 사과, 피드백
② 정보파악, 피드백, 사과
③ 사과, 정보파악, 피드백
④ 사과, 피드백, 정보파악
⑤ 사과, 조사, 계획

|25~27| 다음에 나열된 숫자의 규칙을 찾아 빈칸에 들어가기 적절한 수를 고르시오.

25.

$\dfrac{1}{2}$	$\dfrac{1}{3}$	$\dfrac{2}{6}$	$\dfrac{3}{18}$	( )	$\dfrac{8}{1944}$	$\dfrac{13}{209952}$

① $\dfrac{8}{83}$ ② $\dfrac{6}{91}$

③ $\dfrac{5}{108}$ ④ $\dfrac{4}{117}$

⑤ $\dfrac{9}{251}$

26.

93	96	102	104	108	( )

① 114 ② 116
③ 118 ④ 120
⑤ 122

27.

27 43 106	12 35 74	51 91 34
60 81 24	22 12 ( )	

① 34 ② 38
③ 43 ④ 48
⑤ 53

28. 지난 주 S사의 신입사원 채용이 완료되었다. 신입사원 120명이 새롭게 채용되었고, 지원자의 남녀 성비는 5:4, 합격자의 남녀 성비는 7:5, 불합격자의 남녀 성비는 1:1이었다. 신입사원 채용 지원자의 총 수는 몇 명인가?

① 175명 ② 180명
③ 185명 ④ 190명
⑤ 195명

29. 다음 자료를 통해 알 수 있는 사항을 올바르게 설명하지 못한 것은 어느 것인가?

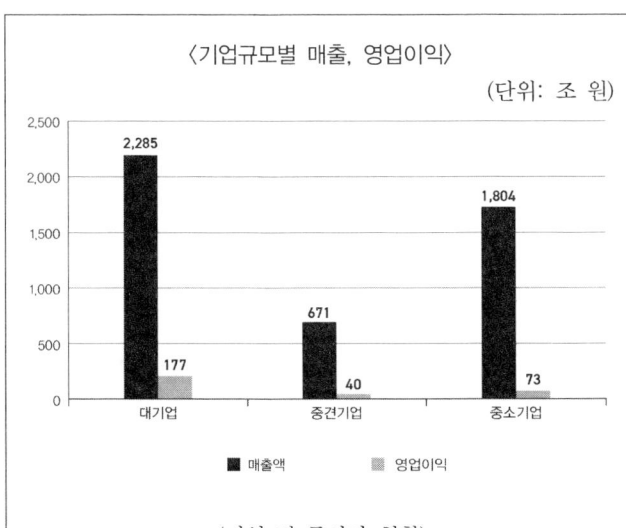

〈기업규모별 매출, 영업이익〉

(단위: 조 원)

2,500
2,000
1,500
1,000
500
0

대기업 2,285 / 177
중견기업 671 / 40
중소기업 1,804 / 73

■ 매출액　▨ 영업이익

〈기업 및 종사자 현황〉

(단위: 개, 만 명)

	대기업	중견기업	중소기업
기업 수	2,191(0.3%)	3,969(0.6%)	660,003(99.1%)
종사자 수	204.7(20.4%)	125.2(12.5%)	675.3(67.1%)

① 1개 기업당 매출액과 영업이익 실적은 대기업에 속한 기업이 가장 우수하다.

② 기업군 전체의 매출액 대비 영업이익은 대기업, 중견기업, 중소기업 순으로 높다.

③ 1개 기업 당 종사자 수는 대기업이 중견기업의 3배에 육박한다.

④ 전체 기업 수의 약 1%에 해당하는 기업이 전체 영업이익의 70% 이상을 차지한다고 할 수 있다.

⑤ 전체 기업 수의 약 99%에 해당하는 기업이 전체 매출액의 40% 이상을 차지한다고 할 수 있다.

30. 표준 업무시간이 80시간인 업무를 각 부서에 할당해 본 결과, 다음과 같은 표를 얻었다. 어느 부서의 업무효율이 가장 높은가?

부서명	투입인원(명)	개인별 업무시간(시간)	회의	
			횟수(회)	소요시간 (시간/회)
A	2	41	3	1
B	3	30	2	2
C	4	22	1	4
D	3	27	2	1

※ 1) 업무효율 $= \dfrac{\text{표준 업무시간}}{\text{총 투입시간}}$

2) 총 투입시간은 개인별 투입시간의 합임.

　개인별 투입시간 = 개인별 업무시간 + 회의 소요시간

3) 부서원은 업무를 분담하여 동시에 수행할 수 있음.

4) 투입된 인원의 업무능력과 인원당 소요시간이 동일하다고 가정함.

① A　　　　② B

③ C　　　　④ D

⑤ 모두 같음

| 31~32 | 다음 표는 법령에 근거한 신고자 보상금 지급기준과 신고자별 보상대상가액 사례이다. 물음에 답하시오.

〈표 1〉 신고자 보상금 지급기준

보상대상가액	지급기준
1억 원 이하	보상대상가액의 10 %
1억 원 초과 5억 원 이하	1천만 원 + 1억 원 초과금액의 7 %
5억 원 초과 20억 원 이하	3천8백만 원 + 5억 원 초과금액의 5 %
20억 원 초과 40억 원 이하	1억1천3백만 원 + 20억 원 초과금액의 3 %
40억 원 초과	1억7천3백만 원 + 40억 원 초과금액의 2 %

※ 보상금 지급은 보상대상가액의 총액을 기준으로 함
※ 공직자가 자기 직무와 관련하여 신고한 경우에는 보상금의 100분의 50 범위 안에서 감액할 수 있음

〈표 2〉 신고자별 보상대상가액 사례

신고자	공직자 여부	보상대상가액
A	예	8억 원
B	예	21억 원
C	예	4억 원
D	아니요	6억 원
E	아니요	2억 원

31. 다음 설명 중 옳은 것을 모두 고르면?

> ㉠ A가 받을 수 있는 최대보상금액은 E가 받을 수 있는 최대보상금액의 3배 이상이다.
> ㉡ B가 받을 수 있는 최대보상금액과 최소보상금액의 차이는 6,000만 원 이상이다.
> ㉢ C가 받을 수 있는 보상금액이 5명의 신고자 가운데 가장 적을 수 있다.
> ㉣ B가 받을 수 있는 최대보상금액은 다른 4명의 신고자가 받을 수 있는 최소보상금액의 합계보다 적다.

① ㉠, ㉡　　　　　② ㉠, ㉢
③ ㉠, ㉣　　　　　④ ㉡, ㉢
⑤ ㉡, ㉣

32. 올해부터 공직자 감면액을 30%로 인하한다고 할 때 B의 최소보상금액은 기존과 비교하여 얼마나 증가하는가?

① 2,218만 원　　　② 2,220만 원
③ 2,320만 원　　　④ 2,325만 원
⑤ 2,400만 원

33. 엑셀 사용 시 발견할 수 있는 다음과 같은 오류 메시지 중 설명이 올바르지 않은 것은 어느 것인가?

① #DIV/0! – 수식에서 어떤 값을 0으로 나누었을 때 표시되는 오류 메시지
② #N/A – 함수나 수식에 사용할 수 없는 데이터를 사용했을 경우 발생하는 오류 메시지
③ #NULL! – 잘못된 인수나 피연산자를 사용했을 경우 발생하는 오류 메시지
④ #NUM! – 수식이나 함수에 잘못된 숫자 값이 포함되어 있을 경우 발생하는 오류 메시지
⑤ #REF! – 셀 참조가 유효하지 않을 경우 발생하는 오류 메시지

34. 다음 그림에서 A6 셀에 수식 '=$A$1+$A2'를 입력한 후 다시 A6 셀을 복사하여 C6와 C8에 각각 붙여넣기를 하였을 경우, (A)와 (B)에 나타나게 되는 숫자의 합은 얼마인가?

	A	B	C	D
1	7	2	8	
2	3	3	8	
3	1	5	7	
4	2	5	2	
5				
6			(A)	
7				
8			(B)	
9				

① 10

② 12

③ 14

④ 16

⑤ 19

35. 다음 설명에 해당하는 엑셀 기능은?

> 입력한 데이터 정보를 기반으로 하여 데이터를 미니 그래프 형태의 시각적 표시로 나타내 주는 기능

① 클립아트

② 스파크라인

③ 하이퍼링크

④ 워드아트

⑤ 필터

36. 다음 중 아래 시트에서 야근일수를 구하기 위해 [B9] 셀에 입력할 함수로 옳은 것은?

	A	B	C	D	E
1	4월 야근 현황				
2	날짜	도준영	전아롱	이진주	강석현
3	4월15일		V	V	V
4	4월16일	V		V	
5	4월17일	V	V	V	
6	4월18일		V	V	V
7	4월19일	V		V	
8	4월20일	V			
9	야근일수				
10					

① =COUNTBLANK(B3:B8)

② =COUNT(B3:B8)

③ =COUNTA(B3:B8)

④ =SUM(B3:B8)

⑤ =SUMIF(B3:B8)

37. 다음 중 아래 워크시트에서 참고표를 참고하여 55,000원에 해당하는 할인율을 [C6]셀에 구하고자 할 때의 적절한 함수식은?

	A	B	C	D	E	F
1		<참고표>				
2		금액	30,000	50,000	80,000	150,000
3		할인율	3%	7%	10%	15%
4						
5		금액	55,000			
6		할인율	7%			
7						

① =LOOKUP(C5,C2:F2,C3:F3)

② =HLOOKUP(C5,B2:F3,1)

③ =VLOOKUP(C5,C2:F3,1)

④ =VLOOKUP(C5,B2:F3,2)

⑤ =LOOKUP(C5,C2:F3,2)

38. 다음의 알고리즘에서 인쇄되는 A는?

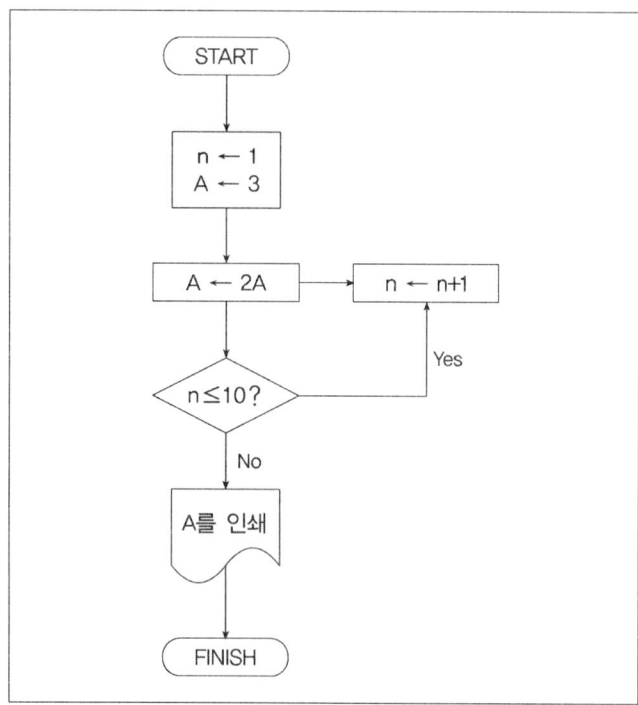

① $2^8 \cdot 3$ ② $2^9 \cdot 3$

③ $2^{10} \cdot 3$ ④ $2^{11} \cdot 3$

⑤ $2^{12} \cdot 3$

39. 다음 워크시트에서 [A2] 셀 값을 소수점 첫째자리에서 반올림하여 [B2] 셀에 나타내도록 하고자 한다. [B2] 셀에 알맞은 함수식은?

	A	B
1	숫자	반올림한 값
2	987.9	
3	247.6	
4	864.4	
5	69.3	
6	149.5	
7	75.9	

① ROUND(A2, −1)

② ROUND(A2, 0)

③ ROUNDDOWN(A2, 0)

④ ROUNDUP(A2, −1)

⑤ ROUND(A3, 0)

40. 다음 워크시트는 학생들의 수리영역 성적을 토대로 순위를 매긴 것이다. 다음 중 [C2] 셀의 수식으로 옳은 것은?

	A	B	C
1		수리영역	순위
2	이순자	80	3
3	이준영	95	2
4	정소이	50	7
5	금나라	65	6
6	윤민준	70	5
7	도성민	75	4
8	최지애	100	1

① =RANK(B2, $B$2:$B$8)

② =RANK(B2, $B$2:$B$8, 1)

③ =RANK(C2, $B$2:$B$8)

④ =RANK(C2, $B$2:$B$8, 0)

⑤ =RANK(C2, $B$2:$B$8, 1)

41. 다음은 구리의 특성에 관한 사항들이다. 이 중 바르지 않은 것은?

① 접합성과 연성이 우수하다.

② 가공이 용이하며 내식성이 우수하다.

③ 아름다운 색을 가지고 있으며 합금을 통하여 귀금속의 성질을 얻는다.

④ 유연성과 전연성이 좋다.

⑤ 안티몬(sb)을 혼합하면 소성과 전기전도도가 증가한다.

42. 다음 중 압접의 종류에 해당하지 않는 것은?

① 전기저항용접   ② 플라즈마용접

③ 초음파용접   ④ 마찰용접

⑤ 스터드용접

43. 불활성가스 아크용접에서 불활성가스는 무엇을 사용하는가?

① 수소, 아세틸렌   ② 헬륨, 아르곤

③ 수소, 네온   ④ 산소, 수소

⑤ 헬륨, 수소

44. 절삭속도 628m/min, 밀링커터의 날수를 10, 밀링커터의 지름을 100mm, 1날당 이송을 0.1mm로 할 경우 테이블의 1분간 이송량[mm/min]은? (단, π는 3.14이다)

① 1,000

② 2,000

③ 3,000

④ 4,000

⑤ 5,000

45. 다음 중 대량생산에 사용되는 것으로서 재료의 공급만 하여 주면 자동적으로 가공되는 선반은?

① 다인선반

② 자동선반

③ 모방선반

④ 탁상선반

⑤ 모형선반

46. 다음 중 샤프연필의 끝처럼 갈라진 틈을 조여 공작물을 물리는 척을 무엇이라 하는가?

① 연동척

② 단동척

③ 콜릿척

④ 마그네틱척

⑤ 유압척

47. 짧고 지름이 큰 일감을 절삭하는 데 유용한 선반은?

① 터릿선반   ② 모방선반

③ 정면선반   ④ 수직선반

⑤ 자동선반

48. 다음 중 센터리스연삭기에 대한 설명으로 옳지 않은 것은?

① 긴 축 재료의 연삭이 용이하다.

② 일감에 센터구멍을 뚫을 필요가 없다.

③ 연삭여유가 적어도 된다.

④ 작업자의 높은 숙련도가 필요하다.

⑤ 연속작업이 가능하여 대량생산에 적합하다.

49. 다음 중 비교 측정기는 어느 것인가?

① 큐폴라

② 다이얼 게이지

③ 셰이퍼

④ 하이트 게이지

⑤ 퍼스

50. 다음 중 나사의 원리를 이용한 측정기는?

① 다이얼 게이지

② 버니어캘리퍼스

③ 드릴 게이지

④ 마이크로미터

⑤ 사인바

51. 다음 중 주철을 용해시키는 대표적인 노는?

① 화로

② 전로

③ 큐폴라

④ 도가니로

⑤ 반사로

52. 다음 중 강의 5대 원소로 옳지 않은 것은?

① S

② Si

③ Mn

④ P

⑤ Ni

53. 다음 중 인바강의 특징을 잘 나타낸 것은?

① 경도의 불변강   ② 길이의 불변강

③ 탄성의 불변강   ④ 내마모성강

⑤ 내식성강

54. 다음 중 Cu + Pb의 합금을 나타내는 것은?

① 켈멧

② 베빗 메탈

③ 델타 메탈

④ 크로멜

⑤ 다우 메탈

55. 다음 중 황동의 합금원소로 옳은 것은?

① 철, 구리

② 구리, 주석

③ 주석, 아연

④ 구리, 아연

⑤ 구리, 주석

56. 다음 중 다이캐스팅에 대한 설명으로 옳지 않은 것은?

① 정밀도가 높은 표면을 얻을 수 있어 후가공 작업이 줄어든다.

② 주형재료보다 용융점이 높은 금속재료에도 적용할 수 있다.

③ 가압되므로 기공이 적고 치밀한 조직을 얻을 수 있다.

④ 제품의 형상에 따라 금형의 크기와 구조에 한계가 있다.

⑤ 표면이 아름답고 치수도 정확하므로 후가공 작업이 줄어든다.

57. 다음 중 인베스트먼트 주조법의 설명으로 옳지 않은 것은?

① 모형을 왁스로 만들어 로스트 왁스 주조법이라고도 한다.

② 생산성이 높은 경제적인 주조법이다.

③ 주물의 표면이 깨끗하고 치수 정밀도가 높다.

④ 복잡한 형상의 주조에 적합하다.

⑤ 사형주조법에 비해 인건비가 많이 든다.

58. 다음 중 응력집중현상 완화법으로 바르지 않은 내용은?

① 몇 개의 단면 변화부를 순차적으로 설치한다.

② 응력집중부에 보강재를 결합한다.

③ 단면의 변화가 완만하게 변화하도록 테이퍼 지게 한다.

④ 표면 거칠기를 정밀하게 한다.

⑤ 단이 진 부분의 곡률반지름을 작게 한다.

59. 다음 중 소재에 없던 구멍을 가공하는 데 적합한 것은?

① 브로칭(broaching)

② 드릴링(drilling)

③ 세이핑(shaping)

④ 리이밍(reaming)

⑤ 밀링(milling)

60. 다음 중 냉간가공의 특징으로 바르지 않은 것은?

① 가공 면이 아름답다.

② 작은 변형응력을 요구한다.

③ 제품의 치수를 정확히 할 수 있다.

④ 가공경화로 인해 강도가 증가하고 연신율이 감소한다.

⑤ 가공방향으로 섬유조직이 되어 방향에 따라 강도가 달라진다.

61. 다음 중 전달 토크가 크고 정밀도가 높아 가장 널리 사용되는 키(key)로서, 벨트풀리와 축에 모두 홈을 파서 때려 박는 키는?

① 평 키

② 안장 키

③ 접선 키

④ 묻힘 키

⑤ 납작 키

62. 발전용량이 100MW이고 천연가스를 연료로 사용하는 발전소에서 보일러는 527℃에서 운전되고 응축기에서는 27℃로 폐열을 배출한다. 카르노 효율 개념으로 계산한 보일러의 초당 연료 소비량은? (단, 천연가스의 연소열은 20MJ/kg이다.)

① 8kg/s

② 16kg/s

③ 48kg/s

④ 60kg/s

⑤ 75kg/s

63. 한 쌍의 평기어에서 모듈이 4이고 잇수가 각각 25개와 50개 일 때 두 기어의 축간 중심 거리는?

① 150mm

② 158mm

③ 300mm

④ 316mm

⑤ 423mm

64. 관통하는 구멍을 뚫을 수 없는 경우에 사용하는 것으로 볼트의 양쪽 모두 수나사로 가공되어 있는 머리 없는 볼트는?

① 스터드 볼트　　　　② 관통 볼트

③ 아이 볼트　　　　　④ 나비 볼트

⑤ 기초 볼트

65. 다음 중 사이클로이드 치형에 관한 내용으로 바르지 않은 것은?

① 중심거리가 정확해야 하고 조립이 어렵다.

② 언더컷이 발생하지 않는다.

③ 미끄럼률이 일정하고 마모가 균일하다.

④ 빈 공간이라도 치수가 극히 정확해야 하고 전위 절삭이 가능하다.

⑤ 압력 각이 변화한다.

66. 다음 중 구성인선 방지대책으로 가장 바르지 않은 항목은?

① 절삭속도를 되도록 빠르게 하는 것이 좋다.

② 공구반경을 되도록 작게 해야 한다.

③ 절삭 깊이를 크게 해야 한다.

④ 윤활성이 높은 절삭유를 사용해야 한다.

⑤ 바이트의 윗면경사각을 크게 해야 한다.

67. 인장강도란 무엇인가?

① 최대 항복응력

② 최대 공칭응력

③ 최대 진응력

④ 최대 전단응력

⑤ 최대 순간시동력

68. 일반 승용차나 오토바이 등에도 널리 사용되며, 축압 브레이크의 일종으로, 회전축 방향에 힘을 가하여 회전을 제동하는 제동 장치는?

① 블록 브레이크

② 밴드 브레이크

③ 드럼 브레이크

④ 원판 브레이크

⑤ 뾰족 브레이크

69. 20mm 두께의 소재가 압연기의 롤러(roller)를 통과한 후 16mm로 되었다면, 이 압연기의 압하율[%]은?

① 20%

② 40%

③ 60%

④ 80%

⑤ 100%

70. 다음 중 열간 가공의 특징으로 바르지 않은 것은?

① 소형제품의 생산에 유리하다.

② 재료의 균일화가 이루어진다.

③ 대량생산이 가능하다.

④ 적은 동력으로 큰 변형을 줄 수 있다.

⑤ 동력이 적게 들어 경제적이다.

71. 밀링가공에서 밀링커터의 날(tooth)당 이송 0.2mm/tooth, 회전당 이송 0.4mm/rev, 커터의 날 2개, 커터의 회전속도 500rpm일 때, 테이블의 분당 이송 속도[mm/min]는?

① 100

② 200

③ 400

④ 800

⑤ 900

72. 물체를 끌어올리는데 사용되는 것으로 머리 부분이 도너츠 모양으로 그 부분에 체인이나 훅을 걸 수 있도록 만들어져 있는 볼트는?

① 탭 볼트

② 아이 볼트

③ 관통 볼트

④ 기초 볼트

⑤ 스터드 볼트

73. 다음 중 축의 둘레에 여러 개의 키 홈을 깎아서 만든 것으로서 큰 동력을 전달할 수 있는 키는?

① 페더 키(feather key)

② 스플라인 키(spline key)

③ 반달 키(woodruff key)

④ 접선 키(tangent key)

⑤ 평 키(flat key)

74. 다음 중 인벌류트 치형에 대한 설명으로 가장 부적절한 것은?

① 압력각과 모듈이 모두 같아야 한다.

② 중심거리는 약간의 오차가 있어도 무방하며 조립이 상당히 어렵다.

③ 전동용으로 주로 사용된다.

④ 중심거리가 다소 어긋나도 속도비는 변하지 않고 원활한 맞물림이 가능하다.

⑤ 언더컷이 발생한다.

75. 재료의 성질 중 재료가 파괴되기(파괴강도) 전까지 에너지를 흡수할 수 있는 능력은?

① 소성

② 탄성

③ 인성

④ 경도

⑤ 연성

76. 절삭공구의 날 끝에 칩(chip)의 일부가 절삭 열에 의한 고온, 고압으로 녹아 붙거나 압착되어 공구의 날과 같은 역할을 할 때 가공 면에 홈집을 만들고 진동을 일으켜 가공 면이 나쁘게 되는 것을 구성인선(Built-up Edge)이라 하는데, 이것의 발생을 감소시키기 위한 방법이 아닌 것은?

① 효과적인 절삭유를 사용한다.

② 절삭깊이를 작게 한다.

③ 공구반경을 작게 한다.

④ 공구의 경사각을 작게 한다.

⑤ 이송을 되도록 적게 한다.

77. 다음 중 냉매가 지녀야 할 조건으로 바르지 않은 것은?

① 상온에서는 비교적 저압으로도 액화가 가능해야 하며 증발잠열이 커야 한다.

② 임계온도는 상온보다 높고, 응고점은 낮을수록 좋다.

③ 저온에서도 대기압 이상의 포화증기압을 갖고 있어야 한다.

④ 액체 상태에서나 기체상태에서 점성이 커야 한다.

⑤ 냉매가스의 비체적이 작을수록 좋다.

78. 다음 중 펌프에서의 수격현상에 관한 설명으로 옳지 않은 것은?

① 유체의 압력변동이 있는 경우에 수격현상이 발생하게 된다.

② 수격현상 방지 대책으로 관경을 작게 하고 유속을 높인다.

③ 수격현상 방지 대책으로 펌프에 플라이 휠(fly wheel) 설치하여 펌프의 급격한 속도변화를 방지한다.

④ 수격현상 방지 대책으로 배관은 가능한 직선적으로 시공한다.

⑤ 수격현상 방지 대책으로 조압수조 또는 수격방지기를 설치한다.

79. 다음 중 와이어 방전가공에 대한 내용으로 바르지 않은 것은?

① 가공액은 일반적으로 수용성 절삭유를 물에 희석하여 사용한다.

② 와이어 전극은 소모성 재료(구리, 황동, 흑연 등)이므로 재사용이 불가능하다.

③ 와이어는 일정한 장력을 걸어주어야 하는데 보통 와이어 파단력의 1/2 정도로 한다.

④ 강재판재에 곡선윤곽의 구멍을 뚫어 형판을 제작하려고 할 경우 가장 적합한 가공법이다.

⑤ 복잡하고 미세한 형상 가공이 상당히 어렵다.

80. 연삭숫돌의 입자가 무디어지거나 눈메움이 생기면 연삭능력이 떨어지고 가공물의 치수 정밀도가 저하되므로 예리한 날이 나타나도록 공구로 숫돌 표면을 가공하는 것을 나타내는 용어는?

① 트루잉(truing)

② 글레이징(glazing)

③ 로딩(loading)

④ 드레싱(dressing)

⑤ 스필링(spilling)

대구교통공사 필기시험 모의고사

절 취 선

성명

직업기초능력평가

1	① ② ③ ④ ⑤	21	① ② ③ ④ ⑤
2	① ② ③ ④ ⑤	22	① ② ③ ④ ⑤
3	① ② ③ ④ ⑤	23	① ② ③ ④ ⑤
4	① ② ③ ④ ⑤	24	① ② ③ ④ ⑤
5	① ② ③ ④ ⑤	25	① ② ③ ④ ⑤
6	① ② ③ ④ ⑤	26	① ② ③ ④ ⑤
7	① ② ③ ④ ⑤	27	① ② ③ ④ ⑤
8	① ② ③ ④ ⑤	28	① ② ③ ④ ⑤
9	① ② ③ ④ ⑤	29	① ② ③ ④ ⑤
10	① ② ③ ④ ⑤	30	① ② ③ ④ ⑤
11	① ② ③ ④ ⑤	31	① ② ③ ④ ⑤
12	① ② ③ ④ ⑤	32	① ② ③ ④ ⑤
13	① ② ③ ④ ⑤	33	① ② ③ ④ ⑤
14	① ② ③ ④ ⑤	34	① ② ③ ④ ⑤
15	① ② ③ ④ ⑤	35	① ② ③ ④ ⑤
16	① ② ③ ④ ⑤	36	① ② ③ ④ ⑤
17	① ② ③ ④ ⑤	37	① ② ③ ④ ⑤
18	① ② ③ ④ ⑤	38	① ② ③ ④ ⑤
19	① ② ③ ④ ⑤	39	① ② ③ ④ ⑤
20	① ② ③ ④ ⑤	40	① ② ③ ④ ⑤

기계일반

41	① ② ③ ④ ⑤	61	① ② ③ ④ ⑤
42	① ② ③ ④ ⑤	62	① ② ③ ④ ⑤
43	① ② ③ ④ ⑤	63	① ② ③ ④ ⑤
44	① ② ③ ④ ⑤	64	① ② ③ ④ ⑤
45	① ② ③ ④ ⑤	65	① ② ③ ④ ⑤
46	① ② ③ ④ ⑤	66	① ② ③ ④ ⑤
47	① ② ③ ④ ⑤	67	① ② ③ ④ ⑤
48	① ② ③ ④ ⑤	68	① ② ③ ④ ⑤
49	① ② ③ ④ ⑤	69	① ② ③ ④ ⑤
50	① ② ③ ④ ⑤	70	① ② ③ ④ ⑤
51	① ② ③ ④ ⑤	71	① ② ③ ④ ⑤
52	① ② ③ ④ ⑤	72	① ② ③ ④ ⑤
53	① ② ③ ④ ⑤	73	① ② ③ ④ ⑤
54	① ② ③ ④ ⑤	74	① ② ③ ④ ⑤
55	① ② ③ ④ ⑤	75	① ② ③ ④ ⑤
56	① ② ③ ④ ⑤	76	① ② ③ ④ ⑤
57	① ② ③ ④ ⑤	77	① ② ③ ④ ⑤
58	① ② ③ ④ ⑤	78	① ② ③ ④ ⑤
59	① ② ③ ④ ⑤	79	① ② ③ ④ ⑤
60	① ② ③ ④ ⑤	80	① ② ③ ④ ⑤

수험번호

⓪	⓪	⓪	⓪	⓪	⓪	⓪	⓪
①	①	①	①	①	①	①	①
②	②	②	②	②	②	②	②
③	③	③	③	③	③	③	③
④	④	④	④	④	④	④	④
⑤	⑤	⑤	⑤	⑤	⑤	⑤	⑤
⑥	⑥	⑥	⑥	⑥	⑥	⑥	⑥
⑦	⑦	⑦	⑦	⑦	⑦	⑦	⑦
⑧	⑧	⑧	⑧	⑧	⑧	⑧	⑧
⑨	⑨	⑨	⑨	⑨	⑨	⑨	⑨

대구교통공사
필기시험 모의고사

- 정답 및 해설 -

직업기초능력평가(40문항)

1 ③

③'가엾다'는 '가엾다'와 함께 표준어로 쓰인다.
① 아지랑이 → 아지랑이
② 상판때기 → 상판대기
④ 가벼히 → 가벼이
⑤ 느즈감치 → 느지감치

2 ④

④ 혜림은 목 놓아 울었다. 그러므로 스트레스를 해소하였다. → 혜림은 목 놓아 울었다. 그럼으로(써) 스트레스를 해소하였다.

3 ②

'위로 끌어 올리다'의 뜻으로 사용될 때는 '추켜올리다'와 '추어올리다'를 함께 사용할 수 있지만 '실제보다 높여 칭찬하다'의 뜻으로 사용될 때는 '추어올리다'만 사용해야 한다.
① 쓰여지는 지 → 쓰이는지
③ 나룻터 → 나루터
④ 서슴치 → 서슴지
⑤ 또아리 → 똬리

4 ②

• 수립(樹立) : 국가나 정부, 제도, 계획 따위를 이룩하여 세움
• 적립(積立) : 모아서 쌓아 둠
• 확립(確立) : 체계나 견해, 조직 따위가 굳게 섬. 또는 그렇게 함

5 ②

첫 번째 문단에서는 아바이 마을에 대한 설명, 두 번째는 가자미인 자리고기에 대한 설명, 세 번째는 가자미를 이용해 만든 가자미식해에 대한 설명이다. 따라서 이 세 문단의 내용을 모두 담을 수 있는 제목으로는 ② 속초의 아바이 마을과 가자미식해가 적합하다.

6 ④

몇 개 국가의 남녀평등 문화와 근로정책에 대하여 간략하게 기술하고 있으며, 노르웨이와 일본의 경우에는 법률을 구체적으로 언급하고 있지 않다. 또한 단순한 근로정책 소개가 아닌, 남녀평등에 관한 내용을 일관되게 소개하고 있으므로 전체를 포함하는 논지는 '남녀평등과 그에 따른 근로정책'에 관한 것이라고 볼 수 있다.

7 ①

집단 사이의 관계에서 도덕적이며 윤리적인 조정이 불가능한 것은 아니다. (역접 : 그러나) 실제 집단사이에서는 윤리적인 조정이 불가능 하다. (순접 : 따라서) 집단 사이의 관계는 윤리적이기 보다 정치적이다. (부연 : 즉) 집단사이의 관계는 각 집단이 지닌 힘의 비율에 의해서 수립된다.

8 ④

④ 밑줄 친 부분의 문맥적 의미는 인간이 대상에 대해 지닐 수 있는 문제의식이나 의문을 뜻한다.

9 ①

㉠ 갑과 을 모두 경제 문제를 틀린 경우

갑과 을의 답이 갈리는 경우만 생각하면 되므로 2, 4, 6, 7번만 생각하면 된다.

2, 4, 6, 7번을 제외한 나머지 항목에 경제 문제가 있는 게 되므로 경제 문제는 20점이므로 갑은 나머지 문제를 틀리게 되면 80점을 받을 수 없다. 을은 2, 4, 6, 7번을 모두 맞췄다면 모두 10점짜리라고 하더라도 최대 점수는 60점이 되므로 갑과 을 모두 경제 문제를 틀린 경우는 있을 수 없다.

㉡ 갑만 경제 문제를 틀렸다면 나머지는 다 맞춰야 한다.

- 2, 4, 6, 7번 중 하나가 경제일 경우 갑은 정답이 되고 을은 3개가 틀리게 된다. 3개를 틀려서 70점을 받으려면 각 배점은 10점짜리이어야 하므로 예술 문제를 맞춘 게 된다.

- 2, 4, 6, 7번 중 하나가 경제가 아닌 경우 을은 4문제를 틀린 게 되므로 70점을 받을 수 없다.

그러므로 갑이 경제 문제를 틀렸다면 갑과 을은 모두 예술 문제를 맞춘 것이 된다.

㉢ 갑이 역사 문제 두 문제를 틀렸을 경우

- 2, 4, 6, 7번 문항에서 모두 틀린 경우 을은 2, 4, 6, 7번에서 2문제만 틀리고 나머지는 정답이 되므로 을은 두 문제를 틀리고 30점을 잃었으므로 경제 또는 예술에서 1문제, 역사에서 1문제를 틀린 게 된다.

- 2, 4, 6, 7번 문항에서 1문제만 틀린 경우 을은 역사 1문제를 틀리고, 2, 4, 6, 7번에서 3문제를 틀리게 된다. 그러면 70점이 안 되므로 불가능하다.

- 2, 4, 6, 7번 문항에서 틀린 게 없는 경우 을은 역사 2문제를 틀리고, 2, 4, 6, 7번에서도 틀리게 되므로 40점이 된다.

10 ③

음식점 ＼ 평가항목	음식 종류	이동 거리	1인분 가격	평점 (★ 5개 만점)	예약 가능 여부	총점
북경반점	2	4	5	1	1	13
샹젤리제	3	3	4	2	1	13
경복궁	4	5	2	3	0	14
아사이타워	5	1	3	4	0	13
광화문	4	2	1	5	0	12

11 ①

A와 B는 6동 식당에 가지 않았다고 하였으므로 6동 식당에 간 사람은 C다. B는 C가 갔던 식당이 있는 동(6동)에서 근무하므로 B의 사무실은 6동이다.

A는 남은 5동에 사무실이 있으며 식당과 사무실이 겹치지 않기 때문에 7동에 위치한 식당에 갔다. 따라서 B는 남은 5동에 있는 식당에 간 것을 알 수 있다.

	5동	6동	7동
사무실	A	B	C
식당	B	C	A

12 ③

각 제품의 점수를 환산하여 총점을 구하면 다음과 같다. 다른 기능은 고려하지 않는다 했으므로 제시된 세 개 항목에만 가중치를 부여하여 점수화한다.

구분	A	B	C	D
크기	153.2×76.1 ×7.6	154.4×76× 7.8	154.4×75.8 ×6.9	139.2×68.5 ×8.9
무게	171g	181g	165g	150g
RAM	4GB	3GB	4GB	3GB
저장 공간	64GB	64GB	32GB	32GB
카메라	16Mp	16Mp	8Mp	16Mp
배터리	3,000mAh	3,000mAh	3,000mAh	3,000mAh
가격	653,000원	616,000원	599,000원	549,000원
가중치 부여	20×1.3+18 ×1.2+20×1.1 =69.6	20×1.3+16 ×1.2+20×1.1 =67.2	18×1.3+18 ×1.2+8×1.1 =53.8	18×1.3+20 ×1.2+20×1.1 =69.4

따라서 가장 가중치 점수가 높은 것은 A제품이며, 가장 낮은 것은 C제품이므로 정답은 A제품과 C제품이 된다.

13 ④

무항공사의 경우 화물용 가방 2개의 총 무게가 20×2=40kg, 기내 반입용 가방 1개의 최대 허용 무게가 16kg이므로 총 56kg까지 허용되어 무항공사도 이용이 가능하다.
① 기내 반입용 가방의 개수를 2개까지 허용하는 항공사는 갑, 병항공사 밖에 없다.
② 155cm 2개는 화물용으로, 118cm 1개는 기내 반입용으로 운송 가능한 곳은 무항공사이다.
③ 을항공사는 총 허용무게가 23+23+12=58kg이며, 병항공사는 20+12+12=44kg이다.
⑤ 2개를 기내에 반입할 수 있는 항공사는 갑항공사와 병항공사이나 모두 12kg까지로 제한을 두고 있다.

14 ②

팀장별 순위에 대한 가중치는 모두 동일하다고 했으므로 1~4순위까지를 각각 4, 3, 2, 1점씩 부여하여 점수를 산정해 보면 다음과 같다.
갑 : 2＋4＋1＋2＝9
을 : 4＋3＋4＋1＝12
병 : 1＋1＋3＋4＝9
정 : 3＋2＋2＋3＝10
따라서 〈보기〉의 설명을 살펴보면 다음과 같다.
㉠ '을' 또는 '정' 중 한 명이 입사를 포기하면 '갑'과 '병'이 동점자이나 A팀장이 부여한 순위가 높은 '갑'이 채용되게 된다.
㉡ A팀장이 '을'과 '정'의 순위를 바꿨다면, 네 명의 순위에 따른 점수는 다음과 같아지므로 바꾸기 전과 동일하게 '을'과 '정'이 채용된다.
갑 : 2＋4＋1＋2＝9
을 : 3＋3＋4＋1＝11
병 : 1＋1＋3＋4＝9
정 : 4＋2＋2＋3＝11
㉢ 이 경우 네 명의 순위에 따른 점수는 다음과 같아지므로 '정'은 채용되지 못한다.
갑 : 2＋1＋1＋2＝6
을 : 4＋3＋4＋1＝12
병 : 1＋4＋3＋4＝12
정 : 3＋2＋2＋3＝10

15 ⑤

주어진 조건에 의해 가능한 날짜와 연회장을 알아보면 다음과 같다.

우선, 백 대리가 원하는 날은 월, 수, 금요일이며 오후 6시 ~ 8시까지 사용을 원한다. 또한 인원수로 보아 A, B, C 연회장만 가능하다. 기 예약된 현황과 연회장 측의 직원들 퇴근 시간과 시작 전후 필요한 1시간씩을 감안하여 예약이 가능한 연회장과 날짜를 표시하면 다음과 같다.

일	월	화	수	목	금	토
			1 A, C	2 B 19시 D 18시	3 A, B	4 A 11시 B 12시
5	6 A	7	8 B, C	9 C 15시	10 A, B	11
12	13 A, B	14 A 16시	15 B, C	16	17 A, C	18

따라서 A, B 연회장은 원하는 날짜에 언제든 가능하지 않다.

① 가능한 연회장 중 가장 저렴한 C 연회장은 월요일에 사용이 불가능하다.

② 6일은 가장 비싼 A 연회장만 사용이 가능하다.

③ 인원이 200명을 넘지 않으면 가장 저렴한 C 연회장을 1, 8, 15, 17일에 사용할 수 있다.

④ 8일과 15일은 사용 가능한 잔여 연회장이 B, C 연회장으로 동일하다.

16 ①

주어진 평가 방법에 의해 각 팀별 총점을 산출해 보면 다음과 같다.

평가 항목 (가중치)	A팀	B팀	C팀	D팀
팀 성적 (0.3)	65	80	75	85
연간 경기 횟수 (0.2)	90	95	85	90
사회공헌활동 (0.3)	90	75	85	80
지역 인지도 (0.2)	95	85	95	85
총점	84.5+108 +117+114 =423.5점	104+114+ 97.5+102 =417.5점	97.5+102+ 110.5+114 =424점	110.5+108 +104+102 =424.5점

따라서 총점은 D-C-A-B 팀의 순서가 된다.

㉠㉢ 상위 2개 팀과 3개 팀에게만 주어지는 자격이므로 올바른 설명이다.

㉡㉣ 다음 표에서와 같이 총점이 달라지므로 (라)만 올바른 설명이 된다.

〈팀 성적과 연간 경기 횟수 가중치 상호 변경〉

평가 항목 (가중치)	A팀	B팀	C팀	D팀
팀 성적 (0.2)	65	80	75	85
연간 경기 횟수 (0.3)	90	95	85	90
사회공헌활동 (0.3)	90	75	85	80
지역 인지도 (0.2)	95	85	95	85
총점	78+117+11 7+114 =426점	96+123.5+ 97.5+102 =419점	90+110.5+11 0.5+114 =425점	102+117+10 4+102 =425점

→ 지원금이 삭감되는 4위는 B팀으로 바뀌지 않는다.

평가 항목 (가중치)	A팀	B팀	C팀	D팀
팀 성적 (0.3)	65	80	75	85
연간 경기 횟수 (0.2)	90	95	85	90
사회공헌활 동 (0.3)	90	75	85	80
총점	84.5+108 +117 =309.5점	104+114 +97.5 =315.5점	97.5+102 +110.5 =310점	110.5+108 +104 =322.5점

→ 네 개 팀의 총점은 D-B-C-A 순으로 D팀을 제외한 3 개 팀의 순위가 바뀌게 된다.

17 ⑤

문제의 그림은 커뮤니케이션 네트워크 형태 중 "Y형"을 나타낸 것이다. Y형에서 확고한 중심인은 존재하지 않아도 대다수의 구성원을 대표하는 리더가 존재하는 경우에 나타나는 유형으로써, 라인 및 스탭이 혼합되어 있는 집단에서 흔히 나타난다. ①번은 원 (Circle)형, ②번은 수레바퀴 (Wheel)형, ③번은 쇠사슬 (Chain)형, ④번은 상호연결 (All Channel)형에 대해 각각 설명한 것이다.

18 ④

M과 K 사이의 갈등이 있음을 발견하게 되었으므로 즉각적으로 개입하여 중재를 하고 이를 해결하는 것이 리더의 대처방법이다.

19 ④

이미지 메이킹은 언어적 및 비언어적인 커뮤니케이션의 수단이면서 동시에 적극적인 의사소통행위이다.

20 ②

권위 전략이란 직위나 전문성, 외모 등을 이용하면 협상 과정상의 갈등해결에 도움이 될 수 있다는 것이다. 설득기술에 있어서 권위란 직위, 전문성, 외모 등에 의한 기술이다. 사람들은 자신보다 더 높은 직위, 더 많은 지식을 가지고 있다고 느끼는 사람으로부터 설득 당하기가 쉽다. 계장의 말씀보다 국장의 말씀에 더 권위가 있고 설득력이 높다. 비전문가보다 전문가의 말에 더 동조하게 된다. 전문성이 있는 사람이 그렇지 않은 사람보다 더 권위와 설득력이 있다.

21 ①

목표를 달성하기 위해 노력하는 팀이라면 갈등은 항상 일어나게 마련이다. 갈등은 의견 차이가 생기기 때문에 발생하게 된다. 그러나 이러한 결과가 항상 부정적인 것만은 아니다. 갈등은 새로운 해결책을 만들어 주는 기회를 제공한다. 중요한 것은 갈등에 어떻게 반응하느냐 하는 것이다. 갈등이나 의견의 불일치는 불가피하며 본래부터 좋거나 나쁜 것이 아니라는 점을 인식하는 것이 중요하다. 또한 갈등수준이 적정할 때는 조직 내부적으로 생동감이 넘치고 변화 지향적이며 문제해결 능력이 발휘되며, 그 결과 조직성과는 높아지고 갈등의 순기능이 작용한다.

22 ②

② 갈등은 문제 해결보다 승리를 중시하는 태도에서 증폭된다.

23 ①

협상과정
협상 시작→상호 이해→실질 이해→해결 대안→합의문서

24 ④

첫 번째 유형은 타협형, 두 번째 유형은 통합형을 말한다. 갈등의 해결에 있어서 문제를 근본적·본질적으로 해결하는 것이 가장 좋다. 통합형 갈등해결 방법에서의 '윈윈 (Win-Win) 관리법'은 서로가 원하는 바를 얻을 수 있기 때문에 성공적인 업무관계를 유지하는 데 매우 효과적이다.

25 ④

홀수항과 짝수항을 따로 분리해서 생각하도록 한다.
홀수항은 분모 2의 분수형태로 변형시켜 보면 분자에서 -3씩 더해가고 있다.

$$10 = \frac{20}{2} \rightarrow \frac{17}{2} \rightarrow 7 = \frac{14}{2} \rightarrow \frac{11}{2}$$

짝수항 또한 분모 2의 분수형태로 변형시켜 보면 분자에서 $+5$씩 더해가고 있음을 알 수 있다.

$$2 = \frac{4}{2} \rightarrow \frac{9}{2} \rightarrow 7 = \frac{14}{2} \rightarrow \frac{19}{2}$$

26 ①

각 항에서의 증가폭이 $+1, +2, +4, +8, +16$이다. 각각 $2^0, 2^1, 2^2, 2^3, 2^4$이므로 다음 항에서는 $2^5 (= 32)$만큼 증가할 것을 알 수 있다. 따라서 $37 + 32 = 69$가 된다.

27 ②

첫 번째 수를 두 번째 수로 나눈 후 그 몫에 1을 더하고 있다.
$20 \div 10 + 1 = 3$, $30 \div 5 + 1 = 7$, $40 \div 5 + 1 = 9$

28 ④

물건의 원가를 a라 하자.
이때 정가는 $\left(1 + \dfrac{x}{100}\right)a$이므로, 문제의 조건에 의하면

$$\left(1 - \frac{x}{100}\right)\left(1 + \frac{x}{100}\right)a = \left(1 - \frac{4}{100}\right)a$$

$$\Rightarrow \left(1 - \frac{x}{100}\right)\left(1 + \frac{x}{100}\right) = \frac{96}{100}$$

$$\Rightarrow 1 - \left(\frac{x}{100}\right)^2 = \frac{96}{100}$$

$$\Rightarrow \left(\frac{x}{100}\right)^2 = \frac{4}{100}$$

$$\Rightarrow \frac{x}{100} = \frac{2}{10}$$

$$\therefore x = \frac{2}{10} \times 100 = 20$$

29 ②

② 수출량과 수입량 모두 상위 10위에 들어있는 국가는 네덜란드와 중국이다.

30 ②

② A, B, C 3개 회사의 '갑' 제품 점유율 총합은 2021년 부터 순서대로 38.4%, 39.9%, 39.6%, 40.8%, 43.0% 이다. 2023년도에는 전년도에 비해 3개 회사의 점유율 이 감소하였으므로, 반대로 3개 회사를 제외한 나머지 회사의 점유율은 증가하였음을 알 수 있다. 따라서 나 머지 회사의 점유율이 2021년 이후 매년 감소했다고 할 수 없다.

① A사는 지속 증가, B사는 지속 감소, C사는 증가 후 감 소하는 추이를 보인다.

③ C사는 $\dfrac{7.8 - 9.0}{9.0} \times 100 ≒ -13.3\%$이며,

B사는 $\dfrac{10.5 - 12.0}{12.0} \times 100 ≒ -12.5\%$로 C사의 감소율 이 B사보다 더 크다.

④ 매년 증가하여 2025년에 3개 회사의 점유율은 43%로 가장 큰 해가 된다.

⑤ 2024년은 점유율의 합이 40.8%이며, 2025년에는 43% 이므로 점유율의 증가율은 $\dfrac{43.0 - 40.8}{40.8} \times 100 ≒ 5.4\%$ 에 이른다.

31 ①

① 분기별 판매량의 평균은 두 제품 모두 약 50이다. 편 차는 A제품의 경우 1/4분기와 2/4분기에서 약 10으로 가장 크고, B제품의 경우 1/4분기에서 약 30으로 가장 크다. 따라서 동일한 시기에 두 제품의 편차가 모두 가 장 크다고 할 수 없다.

② 4/4분기 A, B 각 제품의 판매량을 a, b라고 할 때, A 제품의 연간 판매량은 $60 + 40 + 50 + a = 150 + a$ 이고, B제품의 연간 판매량은 $20 + 70 + 60 + b = 150 + b$이다. 막대그래프에서 'a < b'이므로 B제품이 A 제품보다 연간 판매량이 더 많다.

③ 세 분기 동안(1/4분기, 2/4분기, 3/4분기) 두 제품의 평균을 구해보면, A 평균 판매량 $= \dfrac{60+40+50}{3} = 50$, B 평균 판매량 $= \dfrac{20+70+60}{3} = 50$으로, 두 제품의 평균 판매량은 동일하다.

④ 1/4분기에는 40, 2/4분기에는 30, 3/4분기에는 10, 4/4분기에는 10미만의 판매량 차이를 보이며 연말이 다가올수록 점점 감소한다.

⑤ 3/4분기의 변화율은 $\dfrac{60-70}{70} \times 100 ≒ -14.3(\%)$이며, 4/4분기의 변화율은 $\dfrac{51-60}{60} \times 100 = -15(\%)$가 된다. 둘 다 음수이므로 변화율은 곧 감소율을 나타내며, 감소율의 크고 작음은 수치의 절댓값으로 알 수 있으므로 감소율의 크기는 3/4분기가 더 작다.

32 ④

④ 신입직이 가장 많이 질문 5개에는 '지원 분야에 대한 인턴 경험' 대신 17.5%를 기록한 '앞으로의 포부'가 포함되어야 한다.

① 신입직의 경우 하위 3개 질문은 순서대로 '개인 신상(7.9%) 〈전 직장에서의 프로젝트 수행사례(9.0%) 〈영어회화 실력(11.8%)'이며, 경력직의 경우에는 '지원 분야 인턴 경험(6.1%) 〈영어회화 실력(8.6%) 〈개인의 가치관(12.6%)' 순서이다. '영어회화 실력'이 신입직, 경력직 모두에서 공통질문으로 들어가 있다.

② 경력직에서는 35.1%인 반면, 신입직에서는 9.0%를 나타내고 있어 가장 큰 차이를 보이는 질문내용이다.

③ 신입직에서 12.3%, 경력직에서 12.6%를 나타내고 있어 가장 작은 차이를 보이는 질문내용이다.

⑤ 경력직의 경우 '지원동기(51.6%)〉전 직장에서의 프로젝트 수행사례(35.1%)〉직무에 대한 관심(34.1%)' 순서로 가장 많이 받은 질문에 해당한다.

33 ①

'EOMONTH(start_date, months)' 함수는 시작일에서 개월수만큼 경과한 이전/이후 월의 마지막 날짜를 반환한다. 따라서 [C3] 셀에 있는 날짜 2025년 3월 22일의 1개월이 지난 4월의 마지막 날은 30일이다.

34 ③

D2셀에 기재되어야 할 수식은 =VLOOKUP(B2,$C$12:$D$15,2,0) 이다. B2는 직책이 대리이므로 대리가 있는 셀을 입력하여야 하며, 데이터 범위인 C12:D15가 변하지 않도록 절대 주소로 지정을 해주게 된다. 또한 대리 직책에 대한 수당이 있는 열의 위치인 2를 입력하게 되며, 마지막에 직책이 정확히 일치하는 값을 찾아야 하므로 0을 기재하게 된다.

35 ④

POWER(number, power) 함수는 number 인수를 power 인수로 제곱한 결과를 반환한다. 따라서 5의 3제곱은 125 이다.

36 ④

구하고자 하는 값은 "생산부 사원"의 승진시험 점수의 평균이다. 주어진 조건에 따른 평균값을 구하는 함수는 AVERAGEIF와 AVERAGEIFS인데 조건이 1개인 경우에는 AVERAGEIF, 조건이 2개 이상인 경우에는 AVERAGEIFS를 사용한다.
[=AVERAGEIFS(E3:E20,B3:B20,"생산부",C3:C20,"사원")]

37 ③

$A=1, S=1$
$A=2, S=1+2$
$A=3, S=1+2+3$
...
$A=10, S=1+2+3+\cdots+10$
∴ 출력되는 S의 값은 55이다.

38 ①

엑셀 통합 문서 내에서 다음 워크시트로 이동하려면 〈Ctrl〉+〈Page Down〉을 눌러야 하며, 이전 워크시트로 이동하려면 〈Ctrl〉+〈Page Up〉을 눌러야 한다.

39 ②

DCOUNT는 조건을 만족하는 개수를 구하는 함수로, [A2:F7]영역에서 '2021'(2021년도 종사자 수)가 25보다 작고 '2025'(2025년도 종사자 수)가 19보다 큰 레코드의 수는 1이 된다. 조건 영역은 [A9:B10]이 되며, 조건이 같은 행에 입력되어 있으므로 AND 조건이 된다.

40 ④

worst-fit은 할당되지 않은 공간 중 가장 큰 공간을 선택해서 프로세스가 적재되는 것을 의미한다. 다시 말해 모든 공간 중에서 수용 가능한 가장 큰 곳을 선택하는 방식을 말한다. 남은 공간이 큼직큼직하며, 1순위에 할당하므로 선택이 빠르다는 이점이 있는 반면에 기억공간의 정렬이 필요하고 더불어서 공간의 낭비가 발생하게 되는 문제점이 존재한다.

✏️ 기계일반(40문항)

41 ①

연삭가공의 연삭비＝피연삭재의 연삭된 부피/숫돌바퀴의 소모된 부피

42 ⑤

주철 용탕에 세륨 또는 마그네슘(또는 그 합금)을 주입 직전에 첨가하면 구상 조직을 가진 흑연이 정출되는데 이것이 구상흑연주철이며, 강에 가까운 성질을 지니고 있다.

※ **구상흑연주철** … 주철의 인성과 연성을 현저히 개선시킨 것으로 용융상태의 주철에 Mg, Ce, Ca 등을 첨가하여 제작하며 자동차의 크랭크 축, 캠 축 및 브레이크 드럼 등에 사용된다.

43 ④

㉮ 트루스타이트(troostite) 조직은 마텐자이트(martensite) 조직보다 경도가 낮다.(경도의 비교 : 마텐자이트 > 트루스타이트 > 소르바이트 > 오스테나이트)

㉱ 철의 표면에 규소(Si)를 침투시켜 피막을 형성하는 것은 실리코나이징(Siliconizing)이라 한다.

44 ①

기호	설명	기호	설명
SM	기계구조용 탄소강재	SBB	보일러용 압연강재
SBV	리벳용 압연강재	SBH	내열강
SKH	고속도 공구강재	BMC	흑심 가단주철
WMC	백심 가단주철	SS	일반 구조용 압연 강재
DC	구상 흑연 주철	SK	자석강
SNC	Ni-Cr 강재	SF	단조품
GC	회주철	STC	탄소공구강
SC	주강	STS	합금공구강
		STD	금형용 합금공구강
SWS	용접 구조용 압연강재	SPS	스프링강

45 ③

공구재료를 200℃ 이상의 고온에서 경도가 높은 순으로 나열하면 세라믹공구＞초경합금＞고속도강＞탄소공구강 순이다.

※ 일반적으로 공구강의 경도는 다이아몬드＞세라믹공구＞초경합금＞고속도강＞스텔라이트＞합금공구강＞탄소공구강 순이다.

46 ④

탄소 함유량이 0.77%인 강을 오스테나이트 구역으로 가열한 후 공석변태온도 이하로 냉각시킬 때, 페라이트와 시멘타이트의 조직이 층상으로 나타나는 조직은 펄라이트이다. 펄라이트는 페리아트와 시멘타이트가 상호교대로 겹쳐서 구성된 층상조직으로서 펄라이트는 원래 이 층상조직(조개껍질)에 붙여진 명칭이다.

※ 냉각에 따른 강의 조직

냉각방법	강의 조직
노중 냉각	펄라이트
공기중 냉각	소르바이트
유중 냉각	트루스타이트
수중 냉각	마텐자이트

- 오스테나이트 : 전기저항은 크나 경도가 작고, 강도에 비해 연신율이 크다. 최대 2%까지 탄소를 함유하고 있으며 v철에 시멘타이트가 고용되어 있어 v고용체라고도 한다. (고용체 : 2종 이상의 물질이 고체 상태로 완전히 융합된 것)
- 소르바이트 : 트루스타이트를 얻을 수 있는 냉각속도보다 느리게 냉각했을 때 나타나는 조직이다. (마텐자이트+펄라이트 조직으로 구성된다.)
- 트루스타이트 : 오스테나이트를 점점 더 냉각했을 때, 마텐자이트를 거쳐 탄화철(시멘타이트)이 큰 입자로 나타나는 조직으로 a-Fe가 혼합된 조직이다.
- 마텐자이트 : 부식에 대한 저항이 크며 강자성체이고, 경도와 강도는 크나 여린 성질이 있어 연성이 작다.
- 펄라이트 : 탄소 함유량이 0.77%인 강을 오스테나이트 구역으로 가열한 후 공석변태온도 이하로 냉각시킬 때, 페라이트와 시멘타이트의 조직이 층상으로 나타나는 조직
- 베이나이트 : 연속냉각변태에서 발생하는 조직으로서 마텐자이트와 트루스타이트의 중간상태의 조직이다.
- 레데뷰라이트 : 오스테나이트와 시멘타이트가 층으로 된 조직이다.

47 ③

리드는 나사를 한 바퀴 돌렸을 때 나사가 이동한 수평거리이며 피치와 줄수의 곱이다. 1줄 나사인 경우는 리드와 피치의 값이 동일하다. 1줄 나사가 2번을 회전하면 20mm가 이동되었으므로 1번을 회전하면 10mm가 이동되므로, 피치는 10mm가 된다.

48 ③

백래시(backlash)가 적어 정밀 이송장치에 많이 쓰이는 운동용 나사는 볼 나사이다.

※ 백래시(backlash) … 한 쌍의 기어를 맞물렸을 때 치면 사이에 생기는 틈새이다.

※ 나사의 종류
- 삼각 나사 : 체결용 나사로 많이 사용하며 미터나사와 유니파이 나사(미국, 영국, 캐나다의 · 협정에 의해 만든 것으로 ABC 나사라고도 한다.)가 있다. 미터 나사의 단위는 mm이며 유니파이 나사의 단위는 inch이며 나사산의 각도는 모두 60°이다.
- 사각 나사 : 나사산의 모양이 사각인 나사로서 삼각나사에 비하여 풀어지긴 쉬우나 저항이 적은 이적으로 동력 전달용 잭, 나사 프레스, 선반의 피드에 사용한다.
- 사다리꼴 나사 : 애크미 나사 또는 재형 나사라고도 함. 사각나사보다 강력한 동력 전달용에 사용한다. (산의 각도 미터계열:30°, 휘트워스 계열: 29°)
- 톱니 나사 : 축선의 한쪽에만 힘을 받는 곳에 사용한다. 힘을 받는 면은 축에 직각이고, 받지 않는 면은 30°로 경사를 준다. 큰 하중이 한쪽 방향으로만 작용되는 경우에 적합하다.
- 둥근 나사 : 너클 나사, 나사산과 골이 둥글기 때문에 먼지, 모래가 끼기 쉬운 전구, 호스연결부에 사용한다.
- 볼 나사 : 수나사와 암나사의 홈에 강구가 들어 있어 마찰계수가 적고 운동전달이 가볍기 때문에 NC공작기계나 자동차용 스티어링 장치에 사용한다. 볼의 구름 접촉을 통해 나사 운동을 시키는 나사이다. 백래시가 적으므로 정밀 이송장치에 사용된다.
- 셀러 나사 : 아메리카 나사 또는 US표준 나사라고 한다. 나사산의 각도는 60°, 피치는 1인치에 대한 나사산의 수로 표시한다.
- 기계조립(체결용) 나사 : 미터 나사, 유니파이 나사, 관용 나사
- 동력전달용(운동용) 나사 : 사각 나사, 사다리꼴 나사, 톱니 나사, 둥근 나사, 볼 나사

49 ④

- 스플라인(spline) : 축의 원주 상에 여러 개의 키 홈을 파고 여기에 맞는 보스(boss)를 끼워 회전력을 전달할 수 있도록 한 기계요소이다.
- 원뿔 키(cone key) : 마찰력만으로 축과 보스를 고정하며 키를 축의 임의의 위치에 설치가 가능하다.
- 안장 키(saddle key) : 축에는 가공하지 않고 축의 모양에 맞추어 키의 아랫면을 깎아서 때려 박는 키이다. 축에 기어 등을 고정시킬 때 사용되며, 큰 힘을 전달하는 곳에는 사용되지 않는다.
- 평 키(flat key) : 축은 자리만 편편하게 다듬고 보스에 홈을 판 키로서 안장 키보다 강하다.
- 둥근 키(round key) : 단면은 원형이고 테이퍼핀 또는 평행핀을 사용하고 핀 키(pin key)라고도 한다. 축이 손상되는 일이 적고 가공이 용이하나 큰 토크의 전달에는 부적합하다.
- 미끄럼 키(sliding key) : 테이퍼가 없는 키이다. 보스가 축에 고정되어 있지 않고 축위를 미끄러질 수 있는 구조로 기울기를 내지 않는다.
- 접선 키(tangent key) : 기울기가 반대인 키를 2개 조합한 것이다. 큰 힘을 전달할 수 있다.
- 페더 키(feather key) : 벨트풀리 등을 축과 함께 회전시키면서 동시에 축방향으로도 이동할 수 있도록 한 키이다. 따라서 키에는 기울기를 만들지 않는다.
- 반달 키(woodruff key) : 반달 모양의 키. 축에 테이퍼가 있어도 사용할 수 있으므로 편리하다. 축에 홈을 깊이 파야 하므로 축이 약해지는 결점이 있다. 큰 힘이 걸리지 않는 곳에 사용된다.
- 납작 키(flat key) : 축의 윗면을 편평하게 깎고, 그 면에 때려 박는 키이다. 안장키보다 큰 힘을 전달할 수 있다.
- 묻힘 키(sunk key) : 벨트풀리 등의 보스(축에 고정시키기 위해 두껍게 된 부분)와 축에 모두 홈을 파서 때려 박는 키이다. 가장 일반적으로 사용되는 것으로, 상당히 큰 힘을 전달할 수 있다.
- 전달력, 회전력, 토크, 동력의 크기 : 세레이션 > 스플라인 키 > 접선 키 > 성크 키 > 반달 키 > 평 키 > 안장 키 > 핀 키

50 ⑤

코킹(caulking)은 리벳의 머리나 금속판의 이음새를 두들겨서 기밀(氣密)하게 하는 작업이다.

51 ②

나비너트는 가락으로 돌려서 체결할 수 있는 손잡이가 달린 너트로서 풀림방지를 위해서 사용되는 것은 아니다.

52 ①

관통볼트, 묻힘 키, 플랜지 너트, 분할 핀은 모두 결합용 기계요소에 속한다.

㉠ 결합용 기계요소 : 나사, 볼트, 너트, 키, 핀, 리벳
㉡ 전달용 기계요소 : 축, 축이음(커플링), 기어, 저널, 베어링, 각종 전동장치(체인전동, 마찰차전동, 벨트전동)
㉢ 제동용 기계요소 : 체인, 캠, 링크, 스프링, 브레이크

53 ②

두 축의 중심선을 일치시키기 어렵거나, 진동이 발생되기 쉬운 경우에는 플렉시블 커플링을 사용하여 축을 연결하고, 두 축이 만나는 각이 수시로 변화하는 경우에는 유니버설 조인트가 사용된다.

- 플랜지 커플링 : 큰 축과 고속정밀회전축에 적합하며 커플링으로서 가장 널리 사용되는 방식이다. 양 축 끝단의 플랜지를 키로 고정한 이음이다.
- 플렉시블 커플링 : 두 축의 중심선이 약간 어긋나 있을 경우 탄성체를 플랜지에 끼워 진동을 완화시키는 이음이다. 회전축이 자유롭게 이동할 수 있다.
- 유체 커플링 : 원동축에 고정된 펌프 깃의 회전력에 의해 동력을 전달하는 이음이다.
- 유니버설 커플링 : 훅 조인트(Hook's joint)라고도 하며, 두 축이 같은 평면 내에 있으면서 그 중심선이 서로 30° 이내의 각도를 이루고 교차하는 경우에 사용되며 두 축이 만나는 각이 수시로 변화하는 경우에 사용되기도 한다. 공작 기계, 자동차의 동력전달 기구, 압연 롤러의 전동축 등에 널리 쓰인다.

54 ①

올덤 커플링(oldham coupling) ··· 두 축이 평행하거나 약간 떨어져 있는 경우에 사용되고, 양축 끝에 끼어 있는 플랜지 사이에 90°의 키 모양의 돌출부를 양면에 가진 중간 원판이 있고, 돌출부가 플랜지 홈에 끼워 맞추어 작용하도록 3개가 하나로 구성되어 있다.

55 ③

플렉시블 커플링 ··· 두 축의 중심선이 약간 어긋나 있을 경우 탄성체를 플랜지에 끼워 진동을 완화시키는 이음이다. 회전축이 자유롭게 이동할 수 있다.

※ 커플링 ··· 운전 중에는 결합을 끊을 수 없는 영구적인 이음이다.

- 고정 커플링 : 일직선상에 있는 두 축을 연결한 것으로서 볼트 또는 키를 사용하여 결합하고, 양축 사이에 상호이동을 하지 못하는 구조로 된 커플링으로서 원통형과 플랜지형으로 대분된다.
- 원통형 커플링 : 가장 간단한 구조의 커플링으로서 두 축의 끝을 맞대어 일직선으로 놓고 키 또는 마찰력으로 전동하는 커플링이다. 머프 커플링, 마찰원통 커플링, 셀러 커플링 등이 있다.
- 머프 커플링 : 주철제의 원통 속에서 두 축을 서로 맞대고 키로 고정한 커플링이다. 축지름과 하중이 작을 경우 사용하며 인장력이 작용하는 축에는 적합하지 않다.
- 셀러 커플링 : 머프 커플링을 셀러(seller)가 개량한 것으로 주철제의 바깥 원통은 원추형이고 중앙부로 갈수록 지름이 가늘어지는 형상이다. 바깥원통에 2개의 주철제 원추통을 양쪽에 박아 3개의 볼트로 죄어 축을 고정시킨 것이다.
- 플랜지 커플링 : 큰 축과 고속정밀회전축에 적합하며 커플링으로서 가장 널리 사용되는 방식이다. 양 축 끝단의 플랜지를 키로 고정한 이음이다.
- 플렉시블 커플링 : 두 축의 중심선이 약간 어긋나 있을 경우 탄성체를 플랜지에 끼워 진동을 완화시키는 이음이다. 회전축이 자유롭게 이동할 수 있다.
- 기어 커플링 : 한 쌍의 내접기어로 이루어진 커플링으로 두 축의 중심선이 다소 어긋나도 토크를 전달할 수 있어 고속회전 축이음에 사용되는 이음
- 유체 커플링 : 원동축에 고정된 펌프 깃의 회전력에 의해 동력을 전달하는 이음이다.

- 올덤 커플링 : 2축이 평행하거나 약간 떨어져 있는 경우에 사용되고, 양축 끝에 끼어 있는 플랜지 사이에 90°의 키 모양의 돌출부를 양면에 가진 중간 원판이 있고, 돌출부가 플랜지 홈에 끼워 맞추어 작용하도록 3개가 하나로 구성되어 있다. 두 축의 중심이 약간 떨어져 평행할 때 동력을 전달시키는 축으로 고속회전에는 적합하지 않다.
- 유니버설 커플링(조인트) : 혹 조인트(Hook'ks joint)라고도 하며, 두 축이 같은 평면 내에 있으면서 그 중심선이 서로 30° 이내의 각도를 이루고 교차하는 경우에 사용된다. 공작 기계, 자동차의 동력전달 기구, 압연 롤러의 전동축 등에 널리 쓰인다.

56 ③

- 유체 커플링 : 유체를 매개로 하여 동력을 전달하는 장치로 유체를 가득 채운 케이싱 내부에 임펠러(impeller)를 서로 마주보게 세워두고 회전력을 전달하는 장치
- 역류방지 밸브(체크 밸브) : 유체를 한 방향으로만 흐르게 해, 역류를 방지하는 밸브. 체크 밸브라고도 한다.

57 ③

니들 롤러 베어링 ··· 길이에 비하여 지름이 매우 작은 롤러를 사용하는 베어링으로서 좁은 장소에서 비교적 큰 충격하중을 받게 되는 내연기관의 피스톤 핀에 사용된다. 길이에 비하여 지름이 매우 작은 롤러를 사용하므로 축방향 하중 지지에는 적합하지 않으며, 또한 축 자체가 축 방향으로 하중을 받게 되면 아래 그림에 제시된 것처럼 화살표방향으로 미끄러지기 쉽다. 니들롤러베어링은 아래 그림과 같은 구조로 되어 있으며 종류가 매우 많다. (니들롤러 베어링뿐만 아니라 일반적인 롤러 베어링은 구조상 축 방향 하중을 지지할 수 없다.)

※ 베어링의 종류

- 레이디얼 베어링 : 축에 직각방향의 하중(반경방향)을 지지하는 베어링이다.
- 원통 롤러 베어링 : 중하중이 축에 가해지는 경우 사용하는 베어링으로 롤러와 궤도가 선접촉을 하고 있으므로 중하중, 충격하중, 고속회전에 적합하다. 내륜, 외륜이 분리되어 있으므로 조립해체가 용이하다.
- 원뿔 롤러 베어링 : 회전축에 수직인 하중과 회전축 방향의 하중을 동시에 받는 경우 사용하는 베어링이다.

- 니들 롤러 베어링 : 길이에 비해 지름이 매우 작은 롤러를 사용한 베어링으로서 내륜과 외륜의 두께가 얇아 바깥지름이 작으며, 단위면적에 대한 강성이 크므로 비교적 큰 하중을 받는 기계장치에 사용된다.
- 테이퍼 롤러 베어링 : 테이퍼 형상의 롤러가 적용된 베어링으로 축방향 하중과 축에 직각인 하중을 동시에 지지할 수 있다.
- 매그니토 베어링 : 내륜의 홈은 깊은홈 볼베어링보다 다소 얕고 턱이 없는 쪽의 외륜 내경은 외륜홈의 바닥에서부터 원통형으로 되어 있는 베어링이다. 외륜을 분리할 수 있으므로 베어링의 부착이 편리하며 보통 2개를 짝지어 사용한다.
- 자동 조심 베어링 : 축심의 어긋남을 자동으로 조정하는 베어링이다. 내륜 궤도는 두 개로 분리되어 있고, 외륜 궤도는 구면으로 공용궤도이다. 설치오차를 피할 수 없는 경우, 또는 축이 휘기 쉬운 경우 등 허용경사각이 비교적 클 때에 사용한다. (스러스트 하중이 작용할 경우 수명이 급격히 저하된다.)
- 단열 깊은 홈볼 베어링 : 구름 베어링 중 가장 일반적인 형태로서 가격이 저렴하고 비분리형 베어링이다. 내륜과 외륜의 궤도반경은 볼의 반경보다 약간 크며, 내륜의 바깥지름과 외륜의 안쪽 반지름과의 차이는 볼의 직경보다 약간 커서 틈새가 있다. 이러한 틈새는 축 방향으로 약간 이동하여 조립함으로써 틈새를 조정할 수 있도록 되어 있다
- 앵귤러 볼 베어링 : 육안으로 살펴보면 일반 볼베어링과 유사하나 롤러가 놓이는 부분이 경사가 져 있다. 접촉각을 가진 베어링으로서 높은 정확도와 고속회전이 필요한 경우 사용된다. 일반볼베어링은 주로 축과 직각되는 방향의 힘을 견딜 수 있도록 설계되었으나 앵귤러 볼베어링은 축방향 및 측면방향의 하중도 견디도록 설계되어 있다.
- 스러스트 롤러 베어링 : 스러스트 베어링은 하중이 축을 따라서 가해지는 베어링이다. 고속회전을 할 경우 롤러가 밀려나 가게 되어 마찰저항이 커지므로 고속회전에는 적합하지 않다.
- 4점 접촉 볼베어링 : 내륜을 2분할하고 35도 정도의 접촉각을 가진 구조의 베어링이다.
- 공기 정압 베어링 : 볼이나 롤러가 아닌, 압축공기의 압력으로 공간을 만든 베어링이다.

58 ②

$\delta_{max} = \dfrac{4PL^3}{bh^3E}$ 이므로 스프링의 두께(h)를 2배로 하면 처짐이 $\dfrac{1}{2^3}$ 배가 된다.

59 ④

디스크 브레이크 … 축압 브레이크의 일종으로 마찰패드에 회전축 방향의 힘을 가하여 회전을 제동하는 장치

60 ②

자동차에 사용되는 판 스프링(leaf spring)이나 쇼크 업소버(shock absorber)는 완충 장치이다.

61 ③

- 서징현상 : 압축기, 송풍기 등에서 운전중에 진동을 하며 이상 소음을 내고, 유량과 토출 압력에 이상 변동을 일으키는 수가 있는데 이 현상을 말한다.
- 공동현상 : 펌프의 흡입양정이 너무 높거나 수온이 높아지게 되면 펌프의 흡입구 측에서 물의 일부가 증발하여 기포가 되는데 이 기포는 임펠러를 거쳐 토출구측으로 넘어가게 되면 갑자기 압력이 상승하여 물속으로 다시 소멸이 되는데 이때 격심한 소음과 진동이 발생하게 된다. 이를 공동현상이라고 한다.
- 노킹현상 : 충격파가 실린더 속을 왕복하면서 심한 진동을 일으키고 실린더와 공진하여 금속을 두드리는 소리를 내는 현상

62 ③

냉동 사이클의 성적계수 … 압축 일의 열량에 대한 증발기의 흡수열량의 비이므로, $\dfrac{250}{350-250} = 2.5$

63 ①

그레이더는 주로 도로공사에 쓰이는 굴착기계로 주요부는 땅을 깎거나 고르는 블레이드(blade : 날)와 땅을 파 일구는 스캐리파이어(scarifier)로, 2~4km/h로 주행하면서 작업을 하는 건설기계로서 지반의 표면작업장비로 자주 사용된다. 보기의 장비들 중 지반의 절삭과 표면고르기의 작업을 동시에 가장 잘 수행할 수 있는 기계는 그레이더이므로 ①이 답이 된다.

※ 건설기계의 종류

구분	종류	특성
굴착용	파워쇼벨	지반면보다 높은 곳의 땅파기에 적합하며 굴착력이 크다.
	드래그쇼벨	지반보다 낮은 곳에 적당하며 굴착력이 크고 범위가 좁다.
	드래그라인	기계를 설치한 지반보다 낮은 곳 또는 수중 굴착 시에 적당하다.
	클램쉘	좁은 곳의 수직굴착, 자갈 적재에도 적합하다.
	트렌처	도랑파기, 줄기초파기에 사용된다.
정지용	불도저	운반거리 50~60m(최대 100m)의 배토, 정지작업에 사용된다.
	앵글도저	배토판을 좌우로 30도 회전하며 산허리를 깎는데 유리하다.
	스크레이퍼	흙을 긁어모아 적재하여 운반하며 100~150m의 중거리 정지공사에 적합하다.
	그레이더	땅고르기 기계로 정지공사 마감이나 도로 노면정리에 사용된다.
다짐용	전압식	롤러 자중으로 지반을 다진다. (로드롤러, 탬핑롤러, 머케덤롤러, 타이어롤러)
	진동식	기계에 진동을 발생시켜 지반을 다진다. (진동롤러, 컴팩터)
	충격식	기계가 충격력을 발생시켜 지반을 다진다. (램머, 탬퍼)
싣기용	크롤러로더	굴착력이 강하며, 불도저 대용용으로도 쓸 수 있다.
	포크리프트	창고하역이나 목재 싣기에 사용된다.
운반용	컨베이어	밸트식과 버킷식이 있고 이동식이 많이 사용된다.

64 ②

담금질을 하면 강도와 경도가 모두 올라간다.

65 ④

회전하는 축의 설계에서 비틀림 각에 대해서는 비틀림 모멘트를 계산해야 하며 이는 허용 비틀림 응력 범위 내에 포함되는 지 검토가 되어야 한다.

66 ④

테일러(Taylor) 공구의 수명식

$VT^n = C$ (V는 절삭속도, T는 공구수명, C는 상수, n은 공구와 가공물에 의한 지수)

67 ③

원자로는 핵분열이라고 부르는 핵반응이 자체적으로 유지되고 제어되는 장치이며 이 원자로에서 발생한 열에 의해 증기를 이용하여 터빈을 회전시킨다.

68 ③

두 개의 절삭날이 이루는 각을 날끝각 이라고 하며 날끝각은 연한 재료를 가공할 때에는 $60-90°$ 단단한 재료를 가공할 때에는 $135-150°$ 정도가 된다.

69 ①

② 압연의 주목적은 재료의 두께를 감소시키기 위한 것이다.
③ 압연에 의하여 폭은 약간 늘어든다.
④ 냉간 압연은 열간 압연에 비하여 표면이 매끈하고 깨끗하다.
⑤ 열간 압연은 냉간 압연에 비하여 재료의 강도가 낮아진다.
※ 냉간압연강판은 열간압연강판에 비해 두께가 얇고 정밀도가 우수하며 표면이 미려하고 평활하며 가공성이 우수하다.

70 ②

티타늄은 알루미늄보다 비중이 크다.

71 ②

연산율

$$= \frac{\text{파괴되기 직전의 시편의 길이} - \text{시편의 초기 길이}}{\text{시편의 초기 길이}} \times 100$$

그러므로 문제에 주어진 조건에 따르면 시편의 초기 길이는 20cm가 된다.

72 ③

$$\text{이음효율} = \frac{(\text{용접이음의 인장강도})}{\text{모재의 인장강도}} \times 100\%$$

견딜 수 있는 최대 인장력을 F라고 할 경우

$$\left(\frac{2F}{10 \times 130} \right) / 40 = 1\text{이 되어야 하므로}$$

$$F = 26,000\text{kgf}$$

73 ②

공구의 온도가 상승하면 공구재료는 연화된다.

74 ④

④ 주물의 표면이 깨끗하며 치수정밀도가 높다.

75 ①

응력집중 경감 대책

㉠ 재료내의 응력 흐름을 밀집되게 해서는 안 된다.

㉡ 단면 변화 부분에 열처리를 하는 것은 좋지 않다.

㉢ 단면 변화 부분에 보강재를 대는 것이 좋다.

㉣ 단면 변화를 되도록 작게 하는 것이 좋다.

76 ②

노크의 발생원인

㉠ 제동 평균 유효압력이 높을 때

㉡ 흡기의 온도와 압력이 높을 때

㉢ 점화시기가 빠를 때

㉣ 혼합비가 높을 때

㉤ 실린더 온도가 높아지거나 적열된 열원이 있을 때

㉥ 기관의 회전속도가 낮아 화염전파속도가 느릴 때

77 ⑤

전 지간에 걸쳐 등분포 하중이 작용하는 외팔보에서 가장 큰 모멘트가 작용하는 곳은 고정단부이며 이 곳의 발생하는 모멘트의 크기는 $\frac{wl^2}{2}$이 된다.

78 ⑤

	가솔린 기관	디젤 기관
점화방식	불꽃점화	압축착화
연료공급방식	공기와 연료의 혼합기형태로 공급	실린더 내로 압송하여 분사
연료공급장치	인젝터, 기화기	연료분사펌프연료분사노즐
압축비	7~10	15~22
압축압력	8~11kg/cm²	30~45kg/cm²
압축온도	120~140℃	500~550℃
압축의 목적	연료의 기화 도모 공기와 연료의 혼합도모 폭발력 증가	착화성 개선
열효율(%)	23~28	30~34
토크특성	회전속도에 따라 변화	회전속도에 따라 일정
배기가스	CO, 탄화수소, 질소, 산화물	스모그, 입자성물질, 이산화황
기관의 중량	가볍다	무겁다
제작비	싸다	비싸다

79 ⑤

초음파 가공 ⋯ 초음파 진동수로 기계적 진동면과 공작물 사이 숫돌입자, 물 또는 기름을 주입하면서 상하진동으로 일 감을 때려 표면을 다듬는 방법이다. 가공하고자 하는 형의 금속공구를 만들어 이것을 가공물에 근접시키고 공구의 상하진폭을 $10~30\mu$ 정도로 하면 공구와 공작물 사이에 있는 연삭입자가 공구의 진동으로 인하여 충격적으로 가공물에 부딪쳐서 정밀하게 다듬는 방식이다.

• 상하방향으로 초음파 진동하는 공구를 사용한다.

• 진동자는 20kHz 이상으로 진동한다.

• 가공액에 함유된 연마입자가 공작물과 충돌에 의해 가공된다.

• 연마입자는 알루미나, 탄화규소, 탄화붕소 등이 사용된다.

• 주로 경질금속이나 취성의 도자기와 같은 것들을 가공하는데 사용된다.

80 ②

$$\frac{120}{400 \times 2}[\text{min}] = \frac{120 \times 60}{800}[\text{sec}] = 9\text{초}$$

✎ 직업기초능력평가(40문항)

1 ①

'있다'의 어간 '있-'에 '어떤 일에 대한 원인이나 근거'를 나타내는 연결 어미 '-(으)매'가 결합한 형태이다.

② '선보이-'+'-었'+'-어도' → 선보이었어도 → 선뵀어도

③ 한글 맞춤법 제40항에 따르면 어간의 끝음절 '하'가 아주 줄 적에는 준 대로 적는다. 따라서 '야속하다'는 '야속다'로 줄여 쓸 수 있다.

④ '마구', '많이'의 뜻을 더하는 접두사 '처-'를 쓴 단어이다. '(~을) 치다'의 '치어'가 준 말인 '쳐'가 오지 않도록 한다.

⑤ '몇 일'은 없는 표현이다. 표준어인 '며칠'로 쓴다.

2 ⑤

⑤ '때맞추다'는 한 단어이므로 붙여 쓴 것이 맞다. '처리해 나갔다'에서 '나가다'는 '앞말이 뜻하는 행동을 계속 진행함'을 뜻하는 보조동사로 본용언과 띄어 쓰는 것이 원칙이다.

① '보아하니'는 부사로, 한 단어이므로 붙여 쓰기 한다. 유사한 형태로 '설마하니, 멍하니' 등이 있다.

② '난생처음'은 한 단어이므로 붙여 쓰기 한다.

③ '별∨볼∨일이'와 같이 띄어쓰기 한다.

④ '하잘것없다'는 형용사로 한 단어이므로 붙여 쓰고, '끼리'는 접미사이므로 '형제끼리'와 같이 앞 단어와 붙여 쓴다.

3 ③

• 인출(引出) : 예금 따위를 찾음.

• 도출(導出) : 판단이나 결론 따위를 이끌어 냄.

• 색출(索出) : 샅샅이 뒤져서 찾아냄.

4 ③

화자는 문두에서 한 번에 두 가지 이상의 일을 하는 것은 마음에게 흩어지라고 지시하는 것이라고 언급한다. 또한 글의 중후반부에서 당신이 하는 모든 일은 당신의 온전한 주의를 받을 가치가 있는 것이어야 한다고 강조한다. 따라서 이 글의 중심 내용은 ③이 적절하다.

5 ④

첫 번째 빈칸은 서리 착빙은 중량이 가볍다는 내용과 서리가 붙은 채로 이륙하면 문제가 발생할 수 있다는 상반된 내용을 연결해주고 있어 '그러나, 하지만'과 같은 역접의 접속사가 위치하는 것이 적절하다. 두 번째 빈칸은 서리 착빙에 이어 거친 착빙에 대한 설명을 연결해주고 있어 '다음으로'가 적절하다.

6 ③

쌀의 탄생 배경과 널리 쓰이는 구분법에 의한 종류에 대해 언급하고 있는 글이므로 '쌀의 역사와 종류'를 제목으로 보는 것이 가장 적절하다.

7 ②

② 윗글에서는 기존의 주장을 반박하는 방식의 서술 방식은 찾아볼 수 없다.

8 ③

③ 액체와 기체는 물질의 상태라는 한 영역 안에 있지만 물질의 상태에는 액체와 기체 외에도 고체 등이 존재하므로 상호 배타적이지 않다.

① 앞과 뒤는 방향 반의어이다.

② 삶과 죽음은 상보 반의어이다.

④ '크다'와 '작다'는 등급 반의어이다.

⑤ '오른쪽'과 '왼쪽'은 방향 반의어이다.

9 ②

㉠ A의 진술이 참이고, E의 진술이 거짓인 경우

A	B	C	D	E
목격자 ○				범인 ×

B, E의 진술이 거짓이므로, 세 번째 조건에 의해 C, D의 진술은 참

범인은 C가 되고 A의 진술은 참이 된다.

A	B	C	D	E
목격자 ○	×	범인 ○		범인 ×

결국 C, E가 범인이고 첫 번째 조건에 부합한다.
범인이 아닌 사람은 A, B, D이다.

㉡ A의 진술이 거짓이고 E의 진술이 참인 경우

A	B	C	D	E
×				~범인 ○

A의 진술이 거짓이므로 D의 진술도 거짓

A	B	C	D	E
×			×	~범인 ○

A, D의 진술이 거짓이므로, 세 번째 조건에 의해 B, C의 진술은 참

범인은 C, 목격자는 B가 된다.

A	B	C	D	E
×	목격자 ○	범인 ○	×	~범인 ○

범인이 아닌 사람은 B, E이다.

㉠㉡을 종합하여 보면 반드시 범인이 아닌 사람은 B가 된다.

10 ③

㉠ 악취 요인 A : 버섯과 술을 마셨을 때 악취 발생, 버섯은 먹고 술은 마시지 않았을 때는 악취가 발생하지 않았다.

㉡ 미각 상실 원인 B : 버섯을 먹고 술을 마시거나 마시지 않아도 발병했다. 또한 B는 물에 끓여도 효과가 약화되지 않는다는 것도 알 수 있다.

㉢ 백혈구 감소 물질 C : ㉡과 같이 물에 끓여도 효과가 약화되지 않는다. 만약 물에 끓여 효과가 약화된다면 을은 백혈구 감소가 나타나지 않아야 한다.

11 ②

㉡ 갑 = 을

㉢ 을 ∩ 병, 갑 ×

㉣ 갑 ×, 정 ×

㉤ 정 ×, 병 ×, 갑 ○

㉥ 갑 ×, 무 ×

㉦ 무 ○, 병 × 이것을 정리해 보면 ㉣㉤에 의해 갑 가담, 갑이 가담하면 을도 가담

㉢에 의해 을이 가담했으므로 병도 가담

㉤에 의해 정도 가담 무만 가담하지 않음을 알 수 있다.

12 ③

- A가 선정되면 B도 선정된다.
  → A → B … ⓐ
- B와 C가 모두 선정되는 것은 아니다.
  → ~(B∧C)=~B∨~C … ⓑ
- B와 D 중 적어도 한 도시는 선정된다.
  → B∨D … ⓒ
- C가 선정되지 않으면 B도 선정되지 않는다.
  → ~C → ~B … ⓓ

ⓑ와 ⓓ를 통해 ~B는 확정
ⓐ와 ~B를 통해 ~A도 확정
ⓒ와 ~B를 통해 D도 확정

㉠ A와 B 가운데 적어도 한 도시는 선정되지 않는다.
  → 참

㉡ B도 선정되지 않고, C도 선정되지 않는다.
  → B는 선정되지 않지만 C는 모름

㉢ D는 선정된다. → 참

13 ⑤

- 지원자 중 3명 선발
- 과장을 선발할 경우 동일 부서에 근무하는 직원을 1명 이상 함께 선발, 어학 능력 '하'인 직원을 선발한다면 어학 능력 '상'인 직원도 선발
- 근무평정이 70점 이상, 2년 이상 경과하지 않은 직원 선발 불가 → A 탈락
- 기술본부 직원을 1명 이상 선발 → F 선발

보기를 보면 ③과 ⑤으로 함축되는데 ③ 사업본부 B과장을 선발하면 동일 부서 직원을 함께 선발해야 하는데 G사원은 어학능력이 '하'이므로 '상'인 직원도 선발해야 하므로 D팀장이 선발되어야 한다. 반드시 F는 선발되어야 하므로 성립되지 않는다. 그러므로 ⑤가 정답이 된다.

14 ②

A가 참이면 A=금, B=은, C=×
B가 참이면 A=금, B=×, C=은
C가 참이면 모순이 된다.
그러므로 항상 옳은 것은 '상자 A에는 금반지가 있다'가 된다.

15 ②

㉠과 ㉢, ㉣에 의해 E > B > A > C이다.
㉡에서 D는 C보다 나이가 적으므로 E > B > A > C > D 이다.

16 ③

D가 치과의사라면 ㉣에 의해 C는 치과의사가 되지만 그렇게 될 경우 C와 D 둘 다 치과의사가 되기 때문에 모순이 된다. 이를 통해 D는 치과의사가 아님을 알 수 있다. ㉡과 ㉤ 때문에 B는 승무원, 영화배우가 될 수 없다. ㉥을 통해서는 B가 국회의원이 아니라 치과의사라는 사실을 알 수 있다. ㉣에 의해 C는 치과의사가 아니므로 D는 국회의원이라는 결론을 내릴 수 있다. 또한 ㉢에 의해 C는 영화배우가 아님을 알 수 있다. C는 치과의사도, 국회의원도, 영화배우도 아니므로 승무원이란 사실을 추론할 수 있다. 나머지 A는 영화배우가 될 수밖에 없다.

17 ⑤

문제에 제시된 대화에서 A변호사는 I-Message의 대화스킬을 활용하고 있다. ⑤번은 I-Message가 아닌 You-Message에 대한 설명이다. 상대에게 일방적으로 강요, 공격, 비난하는 느낌을 전달하게 되면 상대는 변명하려 하거나 또는 반감, 저항, 공격성 등을 보이게 된다.

18 ②

갈등해결 방법
㉠ 다른 사람들의 입장을 이해한다.
㉡ 사람들이 당황하는 모습을 자세하게 살핀다.
㉢ 어려운 문제는 피하지 말고 맞선다.
㉣ 자신의 의견을 명확하게 밝히고 지속적으로 강화한다.
㉤ 사람들과 눈을 자주 마주친다.
㉥ 마음을 열어놓고 적극적으로 경청한다.
㉦ 타협하려 애쓴다.
㉧ 어느 한쪽으로 치우치지 않는다.
㉨ 논쟁하고 싶은 유혹을 떨쳐낸다.
㉩ 존중하는 자세로 사람들을 대한다.

19 ②

효과적인 팀은 결국 결과로 이야기할 수 있어야 한다. 필요할 때 필요한 것을 만들어 내는 능력은 효과적인 팀의 진정한 기준이 되며, 효과적인 팀은 개별 팀원의 노력을 단순히 합친 것 이상의 결과를 성취하는 능력을 가지고 있다. 이러한 팀의 구성원들은 지속적으로 시간, 비용 및 품질 기준을 충족시켜 준다. 결과를 통한 '최적의 생산성'은 바로 팀원 모두가 공유하는 목표이다.
선택지에 주어진 것 이외에도 효과적인 팀의 특징으로는 '팀의 사명과 목표를 명확하게 기술한다.', '창조적으로 운영된다.', '리더십 역량을 공유하며 구성원 상호 간에 지원을 아끼지 않는다.', '팀 풍토를 발전시킨다.' 등이 있다.

20 ①

T그룹에서 워크숍을 하는 이유는 직원들 간의 단합과 화합을 키우기 위해서이고 또한 각 부서의 장에게 나름대로의 재량권이 주어졌으므로 위의 사례에서 장부장이 할 수 있는 행동으로 가장 적절한 것은 ①번이다.

21 ②

② 협상 상대가 협상에 대하여 책임을 질 수 있고 타결권
한을 가지고 있는 사람인지 확인하고 협상을 시작해야 한
다. 최고책임자는 협상의 세부사항을 잘 모르기 때문에 협
상의 올바른 상대가 아니다.

22 ④

④ 갈등해결방법 모색 시에는 논쟁하고 싶은 유혹을 떨쳐
내고 타협하려 애써야 한다.

23 ③

갈등해결방법의 유형

㉠ 회피형 : 자신과 상대방에 대한 관심이 모두 낮은 경우
(나도 지고 너도 지는 방법)

㉡ 경쟁형 : 자신에 대한 관심은 높고 상대방에 대한 관심은
낮은 경우(나는 이기고 너는 지는 방법)

㉢ 수용형 : 자신에 대한 관심은 낮고 상대방에 대한 관심은
높은 경우(나는 지고 너는 이기는 방법)

㉣ 타협형 : 자신에 대한 관심과 상대방에 대한 관심이 중간
정도인 경우(타협적으로 주고받는 방법)

㉤ 통합형 : 자신은 물론 상대방에 대한 관심이 모두 높은
경우(나도 이기고 너도 이기는 방법)

24 ④

①②③ 전형적인 독재자 유형의 특징이다.

※ 파트너십 유형의 특징

㉠ 평등

㉡ 집단의 비전

㉢ 책임 공유

25 ①

첫 번째 숫자를 두 번째 숫자로 나누었을 때의 나머지가
세 번째 숫자가 된다.

$22 \div 4 = 5 \cdots 2$, $19 \div 3 = 6 \cdots 1$, $37 \div 5 = 7 \cdots 2$, $5 \div 3 = 1 \cdots 2$, $54 \div 6 = 9 \cdots \underline{0}$

26 ②

일의 자리에 온 숫자를 그 항에 더한 값이 그 다음 항의
값이 된다.

$78 + 8 = 86$, $86 + 6 = 92$, $92 + 2 = 94$, $94 + 4 = 98$, $98 + 8 = 106$, $106 + 6 = 112$

27 ①

• 앞의 항의 분모에 2^1, 2^2, 2^3, ……을 더한 것이 다음 항
의 분모가 된다.

• 앞의 항의 분자에 3^1, 3^2, 3^3, ……을 더한 것이 다음 항
의 분자가 된다.

따라서 $\dfrac{121+3^5}{33+2^5} = \dfrac{121+243}{33+32} = \dfrac{364}{65}$

28 ⑤

피자 1판의 가격을 x, 치킨 1마리의 가격을 y라고 할 때,
피자 1판의 가격이 치킨 1마리의 가격의 2배이므로
$x = 2y$가 성립한다.

피자 3판과 치킨 2마리의 가격의 합이 80,000원이므로,
$3x + 2y = 80,000$이고

여기에 $x = 2y$를 대입하면 $8y = 80,000$이므로
$y = 10,000$, $x = 20,000$이다.

29 ④

㉡ 남자 사원인 동시에 독서량이 5권 이상인 사람은 남자
사원 4명 가운데 '태호' 한 명이다. 1/4=25(%)이므로
옳지 않은 설명이다.

㉢ 독서량이 2권 이상인 사원 가운데 남자 사원의 비율 :
3/5

인사팀에서 여자 사원 비율 : 2/6

전자가 후자의 2배 미만이므로 옳지 않은 설명이다.

㉠ $\dfrac{독서량}{전체\ 사원\ 수} = \dfrac{30}{6} = 5(권)$이므로 옳은 설명이다.

㉣ 해당되는 사람은 '나현, 주연, 태호'이므로 3/6=50(%)
이다. 따라서 옳은 설명이다.

30 ②

65세 이상 인구수는 크게 변동이 없는 데 비해, 65세 미만 인구수는 5만여 명에서 64만여 명으로 크게 증가한 것을 알 수 있다.

① 65세 미만 인구수 역시 매년 꾸준히 증가하였다.

③ 2022년과 2023년에는 전년보다 감소하였다.

④ 2022년 이후부터는 5% 미만 수준을 계속 유지하고 있다.

⑤ 증가나 감소가 아닌 변화 전체를 묻고 있으므로 2019년(+351명), 2020년(+318명), 그리고 2022년(−315명)이 된다.

31 ④

① 고혈압 유병률은 2025년에 감소하였고, 당뇨 유병률은 2021년과 2024년에 감소하였다.

② 고혈압 유병률은 2020년과 2025년에는 1.7%, 2023년에는 1.6% 변동이 나타났다.

③ 당뇨 유병률의 변동은 2025년에 2%였다.

⑤ 기대수명은 2020년과 2025년만 0.5세의 변동이 나타났고, 그 외에는 0.5세 이하의 변동이 있었다.

32 ②

㉮ [○] A직업의 경우는 200명 중 35%이므로 200 × 0.35 = 70명, C직업의 경우는 400명 중 25%이므로 400 × 0.25 = 100명이 부모와 동일한 직업을 갖는 자녀의 수가 된다.

㉯ [○] B와 C직업 모두 75%(= 100 − 25)로 동일함을 알 수 있다.

㉰ [×] A직업을 가진 자녀는 (200 × 0.35) + (300 × 0.25) + (400 × 0.25) = 245명이며, B직업을 가진 자녀는 (200 × 0.2) + (300 × 0.25) + (400 × 0.4) = 275명이다.

㉱ [○] 기타 직업을 가진 자녀의 수는 각각 200 × 0.05 = 10명, 300 × 0.15 = 45명, 400 × 0.1 = 40명으로 B직업을 가진 부모가 가장 많다.

33 ③

C2*VLOOKUP(B2,$B$8:$C$10, 2, 0) 상품코드 별 단가가 수직(열)형태로 되어 있으므로, 그 단가를 가져오기 위해서는 VLOOKUP함수를 이용해야 되며, 상품코드 별 단가에 수량(C2)를 곱한다. $B$8:$C$10에서 단가는 2열이고 반드시 같은 상품코드 (B2)를 가져와야 되므로, 0 (False)를 사용하여 VLOOKUP (B2,$B$8:$C$10, 2, 0)처럼 수식을 작성해야 한다.

34 ③

MID(text, start_num, num_chars)는 텍스트에서 원하는 문자를 추출하는 함수이다. 주민등록번호가 입력된 [B1]셀에서 8번째부터 1개의 문자를 추출하여 1이면 남자, 2면 여자라고 하였으므로 답이 ③이 된다.

35 ②

DSUM(데이터베이스, 필드, 조건 범위) 함수는 조건에 부합하는 데이터를 합하는 수식이다. 데이터베이스는 전체 범위를 설정하며, 필드는 보험실적 합계를 구하는 것이므로 "보험실적"으로 입력하거나 열 번호 4를 써야 한다. 조건 범위는 영업2부에 한정하므로 F1:F2를 써준다.

36 ①

㉠ 1회전

5	3	8	1	2

1	3	8	5	2

㉡ 2회전

1	3	8	5	2

1	2	8	5	3

37 ④

ㄱ 1회전

55	11	66	77	22

11	55	66	77	22

ㄴ 2회전

11	55	66	77	22

11	22	66	77	55

ㄷ 3회전

11	22	66	77	55

11	22	55	77	66

38 ②

한 셀에 두 줄 이상 입력하려고 하는 경우 줄을 바꿀 때는 〈Alt〉+〈Enter〉를 눌러야 한다.

39 ①

- RFID : IC칩과 무선을 통해 식품·동물·사물 등 다양한 개체의 정보를 관리할 수 있는 인식 기술을 지칭한다. '전자태그' 혹은 '스마트 태그', '전자 라벨', '무선식별' 등으로 불린다. 이를 기업의 제품에 활용할 경우 생산에서 판매에 이르는 전 과정의 정보를 초소형 칩(IC칩)에 내장시켜 이를 무선주파수로 추적할 수 있다.
- 유비쿼터스 : 유비쿼터스는 '언제 어디에나 존재한다.'는 뜻의 라틴어로, 사용자가 컴퓨터나 네트워크를 의식하지 않고 장소에 상관없이 자유롭게 네트워크에 접속할 수 있는 환경을 말한다.
- VoIP : VoIP(Voice over Internet Protocol)는 IP 주소를 사용하는 네트워크를 통해 음성을 디지털 패킷(데이터 전송의 최소 단위)으로 변환하고 전송하는 기술이다. 다른 말로 인터넷전화라고 부르며, 'IP 텔레포니' 혹은 '인터넷 텔레포니'라고도 한다.

40 ④

수식에서 직접 또는 간접적으로 자체 셀을 참조하는 경우를 순환 참조라고 한다. 열려있는 통합 문서 중 하나에 순환 참조가 있으면 모든 통합 문서가 자동으로 계산되지 않는다. 이 경우 순환 참조를 제거하거나 이전의 반복 계산(특정 수치 조건에 맞을 때까지 워크시트에서 반복되는 계산) 결과를 사용하여 순환 참조와 관련된 각 셀이 계산되도록 할 수 있다.

✎ 기계일반(40문항)

41 ③

①②④⑤는 전달용 기계요소이다.

42 ②

② 커링은 성형가공에 해당한다.

43 ④

호칭경은 수나사의 바깥지름의 굵기로 표시하며, 미터계 나사의 경우 지름 앞에 M자를 붙여 사용한다. (예 : M1, M1.2, M1.4, M1.6)

나사에 있어서 유효 지름이란, 수나사와 암나사가 접촉하고 있는 부분의 평균 지름을 말한다. 즉, M4라는 표시는 유효지름이 4mm라는 의미가 아니라 수나사의 바깥지름이 4mm라는 의미이다.

44 ①

스프링 백 … 소성재료의 굽힘 가공에서 재료를 굽힌 다음 압력을 제거하면 원상으로 회복되려는 탄력 작용으로 굽힘 량이 감소되는 현상을 말한다.

45 ①

줄의 호칭치수는 자루부분을 제외한 전체 길이로 한다.

46 ⑤

① 트루잉 : 연삭면을 숫돌과 축에 대하여 평행 또는 일정한 형태로 성형시키는 작업

② 드레싱 : 눈메움 또는 무딤 발생 시 숫돌 표면에 드레서라는 공구를 이용하여 숫돌날을 생성시키는 작업

③ 글레이징 : 숫돌바퀴의 입자가 탈락되지 않고 마멸에 의해 납작해진 현상

④ 로딩 : 숫돌입자의 표면이나 기공에 칩이 끼어있는 현상

⑤ 스필링 : 결합제의 힘이 약해서 작은 절삭력이나 충격에 쉽게 입자가 탈락하는 것을 말한다.

47 ③

선반의 주요 구성 요소

㉠ 베드 : 다른 주요부분의 하중에 변형이 없어야 하고, 선반의 안내운동을 정확하게 전달하는 역할을 한다.

㉡ 주축대 : 가공품을 지지하면서 회전시키고 회전수의 변경, 바이트를 이송시키는 원동력을 전달하는 원천이다.

㉢ 심압대 : 센터로 가공물을 지지하거나 드릴과 리머등을 고정하여 작업하는 역할을 한다.

㉣ 이송대 : 주축대의 주축의 회전운동을 리드스크루 또는 이송축에 전달할 때 기어연결로써 전달한다.

㉤ 왕복대 : 베드상부 주축대와 심압대의 중간에 놓여 있으며 왕복대의 상부에는 바이트를 설치하고 바이트는 가공물에 따라 좌우로 이동하는 작용을 한다.

48 ⑤

강과 탄소량과의 관계

• 강의 탄소함유량이 많아지면 경도는 증가한다.

• 강의 탄소함유량이 많아지면 연신율이 감소한다.

• 강의 탄소함유량이 많을수록 용접이 어려워진다.

• 탄소강은 탄소를 0.03%~2.0% 함유한 주철이다.

• 강은 순철보다는 탄소함량이 많으나 주철보다는 적다.

49 ④

구리의 열간가공에 적당한 온도는 750 ~ 850도이다.

50 ④

열경화성수지의 종류 … 페놀수지, 요소수지, 멜라민수지, 폴리에스테르수지, 에폭시수지, 실리콘수지, 프란수지

51 ②

강도, 경도의 크기 … 마텐자이트 – 트루스타이트 – 소르바이트 – 펄라이트 – 오스테나이트

※ 열처리 조직변화순서 … 오스테나이트 – 마텐자이트 – 트루스타이트 – 소르바이트 – 펄라이트

52 ⑤

슬라이딩 베어링의 특징

• 추력하중을 받기가 어렵다.

• 충격흡수능력이 크다.

• 고속회전능력에 유리하다.

• 소음이 작다.

• 마찰계수가 크다.

53 ④

유니버설 조인트의 최대 사용각은 30도이다.

54 ④

웜과 웜기어 … 두 축이 평행하지도 교차하지도 않으며, 큰 감속비를 얻으려는 곳에 사용한다.

55 ④

나비형 밸브는 조름밸브라고도 하며 평면밸브의 흐름과 직각인 방향으로 회전시켜 유량을 조절한다.

56 ②

동일 펌프의 연결

㉠ 병렬 연결시 : 양정 동일, 유량 증가

㉡ 직렬 연결시 : 양정 증가, 유량 동일

57 ①

용해로의 종류

㉠ 큐폴라 : 일반주철을 용해할 때 사용하며 연료는 코크스를 사용한다. 용량은 시간당 용해할 수 있는 쇳물의 중량(ton)으로 나타낸다.

㉡ 도가니로 : 구리, 구리합금을 용해할 때 사용하며 연료는 코크스, 중유 및 가스를 사용한다. 용량은 1회 용해할 수 있는 구리의 중량(kg)으로 나타낸다.

㉢ 반사로 : 구리합금 및 주철을 용해할 때 사용하며 용량은 1회 용해량(kg)으로 나타낸다.

㉣ 전기로 : 주철, 주강, 동합금을 용해할 때 사용하며 용량은 1회 용해량(ton)으로 나타낸다.

㉤ 전로 : 주강을 용해할 때 사용하며 용량은 1회 제강량(ton)을 나타낸다.

㉥ 평로 : 1회 다량의 제강에 사용한다.

58 ③

인베스트먼트 주조법 … 얻고자 하는 주물과 동일한 형상의 모형을 왁스나 합성수지 등 용융점이 낮은 재료로 만들어 주형제에 매몰하여 다진 다음 가열하여 주형을 경화시킴과 동시에 모형을 용출시키는 주형 제작법을 말한다.

59 ②

형단조 … 스탬핑이라고도 하며, 요철이 있는 위·아래의 형 사이에 소재를 끼우고, 충격으로 압력을 가해 소재의 평면에 요철을 만드는 가공방법이다. 단조형 속에 소재를 넣고 가압하여 복잡한 모양의 제품을 성형한다. 경화나 메달의 가공, 소형기계·전기부품, 특수강으로 만들어지는 기관용 크랭크축의 제작 등에 사용한다.

※ 형단조의 특징

㉠ 강도 및 내열성, 내마모성이 크다.

㉡ 가공비용이 저렴하다.

㉢ 제품의 수명이 길다.

㉣ 금형제작비용이 고가이다.

㉤ 공정 후 폐기물이 발생한다.

㉥ 대량생산이 가능하다.

㉦ 정밀한 제품의 생산이 가능하다.

60 ①

① 드릴링은 절삭가공에 속한다.

61 ①

압연 … 회전하는 두 개의 롤(roll) 사이를 통과시켜 강판, 형재를 만드는 가공방법이다.

62 ③

전조가공 … 다이 또는 롤러를 사용하여 외력을 가해 눌러 붙여 성형하는 가공법이다.

63 ①

① 산화철과 알루미늄 분말을 3 : 1의 비율로 혼합한 후 점화하면 화학반응이 전개되어 발생하는 3,000℃의 고온을 이용한 용접방법이다.

② 자동 아크용접의 종류로 용접이음표면에 입사의 용재를 공급판을 통하여 공급시키고 그 속에 연속된 와이어로 된 전기 용접봉을 넣어 용접봉 끝과 모재 사이에 아크를 발생시켜 용접하는 방법이다.

③ 고도로 전리된 가스체의 아크를 이용한 용접방법으로 이행형의 형태에 따라 플라즈마 아크 및 플라즈마 제트로 구분한다.

④ 냉간용접의 종류로 20KHz 정도의 초음파에 의해 발생된 고주파 진동에너지에 의해 가압된 모재 사이에 존재하는 이물질이 제거되고, 모재 사이의 틈새가 원자간 거리로 좁혀지면서 용접을 하는 방법이다.

⑤ 용접할 물체에 전류를 통하여 접촉부에 발생되는 전기의 저항열로 모재를 용융상태로 만들어 외력을 가하여 접합하는 용접방법이다.

64 ①

용접작업 중 역화를 일으키거나 저압식 토치가 막혀 산소가 아세틸렌 쪽으로 역류하는 경우 이 역류작용이 발생기까지 확산되면 폭발의 위험성이 있으므로 토치와 발생기 사이에 안전밸브 등의 안전기를 설치하여 위험을 방지하여야 한다.

65 ④

용접 후 잔류응력을 없애기 위해서는 풀림처리를 해야 한다.

66 ④

선반의 크기는 가공할 수 있는 가공물의 최대 지름과 관계가 있는 베드의 길이와 베드에서 센터까지의 높이 또는 베드의 길이와 스윙으로 나타낸다. 스윙은 베드에서 센터까지 높이의 2배이며, 베드 길이는 주축대가 놓인 부분의 길이를 포함한다.

※ 선반의 크기를 나타내는 방법
　㉠ 베드 위의 스윙
　㉡ 양 센터간의 최대거리
　㉢ 왕복대 위의 스윙
　㉣ 베드의 길이

67 ③

두 줄의 비틀림홈드릴의 날끝각의 표준각은 118°이다.

68 ④

플레인 커터 … 밀링커터의 축과 평행한 평면절삭을 말한다.

69 ④

칩의 유형

㉠ 유동형칩 : 칩이 바이트의 경사면을 따라 연속적으로 유동하는 모양으로 가장 안정적인 칩의 형태이다.

㉡ 전단형칩 : 칩이 연속적으로 발생되지만 가로방향의 일정한 간격으로 전단이 발생하는 칩의 형태로, 유동형에 비해 미끄러지는 간격이 다소 크다.

㉢ 균열형칩 : 취성재료를 저속으로 절삭할 때 공구의 날끝 앞의 면에 균열이 일어나서 작은 조각형태로 불연속적으로 발생하는 칩의 형태이다.

㉣ 열단형칩 : 가공물이 경사면에 접착되어 날 끝에서 아래쪽으로 경사지게 균열이 일어나면서 발생하는 칩의 형태이다.

70 ①

모방선반 … 가공물과 치수가 같은 모형을 제작하고, 공구대가 자동으로 이 모형의 윤곽을 따라 절삭하는 선반을 말한다.

71 ③

절삭속도 ··· $V = \dfrac{\pi d N}{1,000}$ (m/min)

72 ③

센터리스연삭기 ··· 공작물을 센터나 척에 고정시킬 필요없이 원통의 내면과 외면의 연삭이 가능한 연삭기이다.

73 ①

각도를 측정하는 측정기에는 오토 콜리미터, 각도 게이지, 직각자, 사이버, 테이퍼 게이지 등이 있다.

74 ⑤

공차 ··· 최대허용치수와 최소허용치수의 차이를 말한다.

75 ③

③ 각도 측정기이다.

76 ③

③ 크리프 시험법은 파괴시험에 해당한다.

77 ③

① 강의 표면에 크롬(Cr)을 확산, 침투시키는 처리방법이다.
② 강의 표면에 아연(Zn)을 확산, 침투시키는 처리방법이다.
④ 강의 표면에 구리(Cu)를 확산, 침투시키는 처리방법이다.
⑤ 강의 표면에 니켈(Ni)를 확산, 침투시키는 처리방법이다.

78 ①

초경합금공구 ··· 탄화 텅스텐 분말과 코발트 분말을 섞어서 성형한 후 고온에서 가열하여 만든 소결합금으로 강은 아니며 고온경도, 내마멸성, 내열성이 좋고 취성이 크다.

79 ④

고탄소강은 경도가 높아 쇠톱날, 줄 등을 만드는 데 이용되는 철재료이다.

80 ③

강의 열처리

㉠ 노멀라이징(불림) : 강을 A_3 또는 A_{cm}점보다 30 ~ 50℃ 정도 높은 온도로 가열하여 균일한 오스테나이트 조직으로 만든 다음 대기 중에서 냉각하는 열처리 방법으로 결정립을 미세화시켜서 어느 정도의 강도증가를 꾀하고, 주조품이나 단조품에 존재하는 편석을 제거시켜서 균일한 조직을 만들기 위한 것이 목적이다.

㉡ 어닐링(풀림) : 기본적으로 경화를 목적으로 행하는 열처리로서, 일반적으로 적당한 온도까지 가열한 다음 그 온도를 유지한 후 서냉하는 하는 방법으로, 경화된 재료를 연화시키기 위한 것이 목적이다.

㉢ 퀜칭(담금질) : 강을 A_3 또는 A_1점 보다 30 ~ 50℃ 정도 높은 온도로 가열한 후 기름이나 물에 급냉시키는 방법으로, 강을 가장 연한 상태에서 가장 강한 상태로 급격하게 변화시킴으로서 강도와 경도를 증가시키기 위한 것이 목적이다.

㉣ 템퍼링(뜨임) : 담금질한 강을 A_1점 이하의 온도에서 재가열한 후 냉각시키는 방법으로 담금질한 강의 인성을 증가시키기 위한 것이 목적이다.

✎ 직업기초능력평가(40문항)

1 ③

어간의 끝음절 '하'가 아주 줄 적에는 준 대로 적는다〈한글 맞춤법 제40항 붙임2〉.
① 윗층 → 위층
② 뒷편 → 뒤편
④ 생각컨대 → 생각건대
⑤ 윗어른→ 웃어른

2 ①

② 철수 뿐이다 → 철수뿐이다
③ 떠난지 → 떠난 지
④ 애 쓴만큼 → 애쓴 만큼
⑤ 대문밖에서 → 대문 밖에서

3 ④

① 초콜렛 → 초콜릿
② 컨셉 → 콘셉트
③ 악세사리 → 액세서리
⑤ 심포지움 → 심포지엄

4 ③

첫 번째 문단에서 문제를 알면서도 고치지 않았던 두 칸을 수리하는 데 수리비가 많이 들었고, 비가 새는 것을 알자마자 수리한 한 칸은 비용이 많이 들지 않았다고 하였다. 또한 두 번째 문단에서 잘못을 알면서도 바로 고치지 않으면 자신이 나쁘게 되며, 잘못을 알자마자 고치기를 꺼리지 않으면 다시 착한 사람이 될 수 있다하며 이를 정치에 비유해 백성을 좀먹는 무리들을 내버려 두어서는 안 된다고 서술하였다. 따라서 글의 중심내용으로는 잘못을 알게 되면 바로 고쳐 나가는 것이 중요하다가 적합하다.

5 ①

주어진 글은 비자발적 행위와 자발적 행위의 상반된 특성에 대해 말하고 있으므로 빈칸에는 ①이 가장 적절하다.

6 ①

② 침묵이나 부작위는 그 자체만으로 승낙이 되지 않는다.
③ 청약자가 지정한 기간 내에 동의의 의사표시가 도달하지 않으면 승낙의 효력이 발생하지 않는다.
④ 청약은 계약이 체결되기까지는 철회될 수 있다.
⑤ 청약은 상대방에게 도달한 때에 효력이 발생한다.

7 ⑤

⑤ 1712년의 법령 반포 이후 지방에서 조세를 징수하는 관료들은 고정된 인두세 총액을 토지세 총액에 병합함으로써 인두세를 토지세에 부가하는 형태로 징수하는 조세 개혁을 추진하기 시작했다.

8 ②

단순히 하천수 사용료의 문제점을 제시한 것이 아니라, 그에 대한 구체적인 대안과 사용료 부과 및 징수를 위한 실효성을 확보해야 한다는 의견이 제시되어 있으므로 문제점 지적을 넘어 전향적인 의미를 지닌 제목이 가장 적절할 것이다.
또한, 제시글은 하천의 관리를 언급하는 것이 아닌, 하천수 사용료에 대한 개선방안을 다루고 있으며, 하천수 사용료의 현실화율이나 지역 간 불균형 등의 요금체계 자체에 대한 내용을 소개하고 있지는 않다.

9 ③

B가 성능이 떨어지는 제품이므로, 다음과 같은 네 가지 경우가 가능하다.

㉠ A > B ≥ C

㉡ A > C ≥ B

㉢ C > A ≥ B

㉣ C > B ≥ A

성능이 가장 좋은 제품은 성능이 떨어지는 두 종류의 제품 가격의 합보다 높으므로, 가격이 같을 수가 없지만, 성능이 떨어지는 두 종류의 제품 가격은 서로 같을 수 있다.

① ㉣의 경우 가능하다.

② ㉢의 경우 가능하다.

④ ㉢, ㉣의 경우 가능하다.

⑤ ㉠, ㉡의 경우 가능하다.

10 ④

㉠ 선박을 보면 A국 전체 수출액에서 차지하는 비중은 5.0 → 4.0 → 3.0 으로 매년 줄어드는 데 세계수출시장에서 A국의 점유율은 매번 1.0으로 동일하다. 이는 세계수출시장 규모가 A국 선박비중의 감소율만큼 매년 감소한다는 것을 나타낸다.

㉡ 백색가전의 세부 품목별 수출액 비중에서 드럼세탁기의 비중은 매년 18.0으로 동일하나, 전체 수출액에서 차지하는 백색가전의 비중은 13.0 → 12.0 → 11.0로 점점 감소한다.

㉢ 점유율이 전년대비 매년 증가하지 않고 변화가 없거나 감소하는 품목도 있다.

㉣ A국의 전체 수출액을 100으로 보면 항공기의 경우 2025년에는 3이다. 3이 세계수출시장에서 차지하는 비중은 0.1%이므로 A국 항공기 수출액의 1,000배라 볼 수 있다. 항공기 세계수출시장의 규모는 3×1,000 = 3,000이므로 A국 전체 수출액의 30배가 된다.

11 ④

① 시청에 근무하는 4급 공무원의 경우 지방직 공무원으로 재산등록 의무자이나 동생은 친족의 범위에 해당하지 않는다.

② 시장은 지방자치단체장으로서 정무직 공무원에 해당하나 본인의 직계비속 중 혼인한 여성의 경우 등록대상 친족의 범위에 포함되지 않으므로 등록대상이 아니다.

③ 도지사 또한 시장과 마찬가지로 정무직 공무원이다. 지식재산권의 경우 소유자별 연간 1천만 원 이상의 소득이 있어야 하므로 등록대상이 아니다.

④ 정부부처 4급 공무원 상당의 보수를 받는 별정직 공무원의 아들이 소유한 승용차는 제한 없이 등록대상이 된다.

⑤ 이혼한 전처는 배우자에 해당되지 않으므로 등록대상이 아니다.

12 ③

제시된 내용을 표로 정리하면

구분	경기장 개수	최대 수용인원	좌석 점유율	경기당 관중수
대도시	5	3만 명	60%	1.8만 명
중소도시	5	2만 명	70%	1.4만 명

① 16만 명은 10개 경기장에서 모두 경기가 열리는 경우의 관중수이다. 매일 5개 경기장에서 각각 한 경기가 열린다고 하였으므로, 1일 최대 관중수는 대도시 경기장 5개에서 모두 경기가 열리는 경우의 9만 명이다.

② 중소도시 경기장의 좌석 점유율이 10% 높아지더라도 경기당 관중수는 1.6만 명 밖에 되지 않으므로 여전히 대도시 경기장 한 곳의 관중수 보다는 적다.

③ 경기가 열리는 경기장에서는 하루에 한 경기만 열리며, 각 경기장에서 열리는 경기 횟수는 모두 동일하므로 한 시즌 전체 누적 관중수는 각 경기장의 경기당 관중수 합계에 비례하는 관계가 성립한다. 올해 시즌의 경우 각 경기장의 경기당 관중수 합계는 16만 명 [5×(1.8+1.4)]이다. 내년 시즌부터 4개의 대도시와 6개의 중소도시에서 경기가 열린다는 것은 올해와 비교했을 때 대도시 경기장 중 하나가 중소도시 경기장으로 바뀌는 것과 같으므로 관중수 합계는 0.4만 명이 줄어든다. 감소율은 $2.5\%\left(\dfrac{0.4}{16}\times100\right)$가 된다.

④ 대도시 경기장의 좌석 점유율이 중소도시 경기장과 같은 70%이고, 최대수용인원은 그대로라면, 대도시 경기장의 경기당 관중수는 2.1만 명이 된다. 따라서 이 경우 ○○리그의 1일 평균 관중수는 최대 10.5만 명이 되므로 11만 명을 초과할 수 없다.

⑤ 중소도시 경기장의 최대수용인원이 대도시 경기장과 같은 3만 명이고 좌석 점유율이 그대로라면, 중소도시 경기장이 경기당 관중수는 2.1만 명이 된다. ○○리그의 1일 평균 관중수는 역시 11만 명을 초과할 수 없다.

13 ①

임 사원을 제외한 모두가 2년에 1일 씩 연차가 추가되므로 각 직원의 연차발생일과 남은 연차일, 통상임금, 연차수당은 다음과 같다.

김 부장 : 25일, 6일, $500 \div 200 \times 8 = 20$만 원, $6 \times 20 = 120$만 원

정 차장 : 22일, 15일, $420 \div 200 \times 8 = 16$만 원, $15 \times 16 = 240$만 원

곽 과장 : 18일, 4일, $350 \div 200 \times 8 = 14$만 원, $4 \times 14 = 56$만 원

남 대리 : 16일, 11일, $300 \div 200 \times 8 = 12$만 원, $11 \times 12 = 132$만 원

임 사원 : 15일, 12일, $270 \div 200 \times 8 = 10$만 원, $12 \times 10 = 120$만 원

따라서 김 부장과 임 사원의 연차수당 지급액이 동일하다.

14 ⑤

보기의 명제를 대우 명제로 바꾸어 정리하면 다음과 같다.

a. ~인사팀 → 생산팀(~생산팀 → 인사팀)

b. ~기술팀 → ~홍보팀(홍보팀 → 기술팀)

c. 인사팀 → ~비서실(비서실 → ~인사팀)

d. ~비서실 → 홍보팀(~홍보팀 → 비서실)

이를 정리하면 '~생산팀 → 인사팀 → ~비서실 → 홍보팀 → 기술팀'이 성립하고 이것의 대우 명제인 '~기술팀 → ~홍보팀 → 비서실 → ~인사팀 → 생산팀'도 성립하게 된다. 따라서 이에 맞는 결론은 보기 ⑤의 '생산팀을 좋아하지 않는 사람은 기술팀을 좋아한다.' 뿐이다.

15 ⑤

다섯 사람 중 A와 B가 동시에 가장 먼저 작업을 하러 나가게 되었으며, C와 D는 A와 B보다 늦게 작업을 하러 나가게 되었음을 알 수 있다. 따라서 다섯 사람의 순서는 E의 순서를 변수로 다음과 같이 정리될 수 있다.

㉠ E가 두 번째로 작업을 하러 나가게 되는 경우

첫 번째	두 번째	세 번째	네 번째
A, B	E	C 또는 D	C 또는 D

㉡ E가 세 번째로 작업을 하러 나가게 되는 경우

첫 번째	두 번째	세 번째	네 번째
A, B	C 또는 D	E	C 또는 D

따라서 E가 C보다 먼저 작업을 하러 나가게 될 수 있으므로 ⑤와 같은 주장은 옳지 않다.

16 ③

조건대로 고정된 순서를 정리하면 다음과 같다.

· B 차장 → A 부장

· C 과장 → D 대리

· E 대리 → ? → ? → C 과장

따라서 E 대리 → ? → ? → C 과장 → D 대리의 순서가 성립되며, 이 상태에서 경우의 수를 따져보면 다음과 같다.

㉠ B 차장이 첫 번째인 경우라면, 세 번째와 네 번째는 A 부장과 F 사원(또는 F 사원과 A 부장)가 된다.

㉡ B 차장이 세 번째인 경우는 E 대리의 바로 다음인 경우와 C 과장의 바로 앞인 두 가지의 경우가 있을 수 있다.

- E 대리의 바로 다음인 경우 : A 부장 - E 대리 - B 차장 - F 사원 - C 과장 - D 대리의 순이 된다.

- C 과장의 바로 앞인 경우: E 대리 - F 사원 - B 차장 - C 과장 - D 대리 - A 부장의 순이 된다.

따라서 위에서 정리된 바와 같이 가능한 세 가지의 경우에서 두 번째로 사회봉사활동을 갈 수 있는 사람은 E 대리와 F 사원 밖에 없다.

17 ④

위 사례는 저돌적인 고객의 유형으로 자신의 방법만이 최선이라 생각하고 타인의 피드백은 받아들이려 하지 않는다. 또한 이러한 상황의 경우 직원에게 하는 것이 아닌 회사의 서비스에 대해 항의하는 것이므로 일선 직원의 경우 이를 개인적인 것으로 받아들여 논쟁을 하거나 화를 내는 일이 없어야 하며 상대의 화가 풀릴 때까지 이야기를 경청해야 한다. 또한 부드러운 분위기를 연출하며 정성스럽게 응대해 고객 스스로가 감정을 추스릴 수 있도록 유도해야 한다.

18 ⑤

OJT는 종업원이 업무에 대한 기술 및 지식을 현업에 종사하면서 감독자의 지휘 하에 훈련받는 현장실무 중심의 교육훈련 방식이므로 각 종업원의 습득 및 능력에 맞춰 훈련할 수 있으며, 상사 또는 동료 간의 이해 및 협조정신을 높일 수 있다는 이점이 있다.

19 ①

〈사례2〉에서 희진은 자신의 업무에 대해 책임감을 가지고 일을 했지만 〈사례1〉에 나오는 하나는 자신의 업무에 대한 책임감이 결여되어 있다.

20 ⑤

빈정거리는 유형의 고객은 상대에 대해서 빈정거리거나 또는 무엇이든 반대하는 열등감 또는 허영심이 강하고 자부심이 강한 사람이다.

21 ⑤

상보성은 자신들의 결여된 특성을 지니고 있는 타인에게 매력을 느끼는 경향이 있는 것을 의미한다.

22 ②

현재 동신과 명섭의 팀에게 가장 필요한 능력은 팀워크능력이다.

23 ②

이 과장은 상대방 측 대표들과 만나서 현재 상황과 이들이 원하는 주장이 무엇인지를 파악한 후 김 실장에게 협상이 가능한 안건을 제시한 것이므로 실질이해 전 단계인 상호이해단계로 볼 수 있다.

※ 협상과정의 5단계
- ㉠ 협상시작 : 협상 당사자들 사이에 친근감을 쌓고, 간접적인 방법으로 협상 의사를 전달하며 상대방의 협상 의지를 확인하고 협상 진행을 위한 체계를 결정하는 단계이다.
- ㉡ 상호이해 : 갈등 문제의 진행 상황과 현재의 상황을 점검하고 적극적으로 경청하며 자기주장을 제시한다. 협상을 위한 협상안건을 결정하는 단계이다.
- ㉢ 실질이해 : 겉으로 주장하는 것과 실제로 원하는 것을 구분하여 실제 원하는 것을 찾아내고 분할과 통합 기법을 활용하여 이해관계를 분석하는 단계이다.
- ㉣ 해결방안 : 협상 안건마다 대안들을 평가하고 개발한 대안들을 평가하며 최선의 대안에 대해 합의하고 선택한 후 선택한 대안 이행을 위한 실행 계획을 수립하는 단계이다.
- ㉤ 합의문서 : 합의문을 작성하고 합의문의 합의 내용 및 용어 등을 재점검한 후 합의문에 서명하는 단계이다.

24 ③

고객 불만 처리 프로세스
경청 → 감사와 공감표시 → 사과 → 해결약속 → 정보파악 → 신속처리 → 처리확인과 사과 → 피드백

25 ③

- 앞의 두 항의 분모를 곱한 것이 다음 항의 분모가 된다.
- 앞의 두 항의 분자를 더한 것이 다음 항의 분자가 된다.

따라서 $\dfrac{2+3}{6 \times 18} = \dfrac{5}{108}$

26 ②

전항의 일의 자리 숫자를 전항에 더한 결과 값이 후항의 수가 되는 규칙이다.
93+3=96, 96+6=102, 102+2=104, 104+4=108,
108+8=116

27 ③

각 조합의 세 개의 숫자 중, 첫 번째와 두 번째 숫자의 십의 자리와 일의 자리 수를 바꾸어 두 수를 더하면 세 번째 숫자가 된다. 72 + 34 = 106, 21 + 53 = 74, 15 + 19 = 34, 6 + 18 = 24, 따라서 22 + 21 = 43이 된다.

28 ②

합격자 120명 중, 남녀 비율이 7 : 5이므로 남자는 $120 \times \frac{7}{12}$명이 되고, 여자는 $120 \times \frac{5}{12}$가 된다. 따라서 남자 합격자는 70명, 여자 합격자는 50명이 된다. 지원자의 남녀 성비가 5 : 4이므로 남자를 $5x$, 여자를 $4x$로 치환할 수 있다. 이 경우, 지원자에서 합격자를 빼면 불합격자가 되므로 $5x - 70$과 $4x - 50$이 1 : 1이 된다. 따라서 $5x - 70 = 4x - 50$이 되어, $x = 20$이 된다. 그러므로 총 지원자의 수는 남자 100명(=5×20)과 여자 80명(=4×20)의 합인 180명이 된다.

29 ⑤

전체 기업 수의 약 99%에 해당하는 기업은 중소기업이며, 중소기업의 매출액은 1,804조 원으로 전체 매출액의 약 $37.9\%(=\frac{1,804}{2,285+671+1,804} \times 100)$를 차지하여 40%를 넘지 않는다.
① 대기업이 매출액, 영업이익 모두 가장 높은 동시에, 기업군에 속한 기업 수가 가장 적으므로 1개 기업당 매출액과 영업이익 실적이 가장 높게 나타난다.

30 ④

㉠ 총 투입시간 = 투입인원 × 개인별 투입시간
㉡ 개인별 투입시간 = 개인별 업무시간 + 회의 소요시간
㉢ 회의 소요시간 = 횟수(회) × 소요시간(시간/회)
∴ 총 투입시간 = 투입인원 × (개인별 업무시간 + 횟수 × 소요시간)
각각 대입해서 총 투입시간을 구하면,
A = 2 × (41 + 3 × 1) = 88, B = 3 × (30 + 2 × 2) = 102
C = 4 × (22 + 1 × 4) = 104, D = 3 × (27 + 2 × 1) = 87

업무효율 $= \frac{\text{표준 업무시간}}{\text{총 투입시간}}$이므로, 총 투입시간이 적을수록 업무효율이 높다. D의 총 투입시간이 87로 가장 적으므로 업무효율이 가장 높은 부서는 D이다.

31 ②

㉠ A의 최대보상금액 : 3,800만 원 + 1,500만 원 = 5,300만 원
  E의 최대보상금액 : 1,000만 원 + 700만 원 = 1,700만 원
㉡ B의 최대보상금액 : 1억 1,300만 원 + 300만 원 = 1억 1,600만 원
  B의 최소보상금액 : 1억 1,600만 원 × 50% = 5,800만 원 → 감액된 경우 가정
㉢ C의 최소보상금액 : (1,000만 원 + 2,100만 원) × 50% = 1,550만 원 → 감액된 경우 가정
㉣ B의 최대보상금액은 1억 1,600만 원이고, 다른 4명의 최소보상금액의 합은 1억 200만 원(A 2,650만 원, C 1,550만 원, D 4,300만 원, E 1,700만 원)이다.

32 ③

감면액이 50%일 경우 최소보상금액은 5,800만 원이고, 감면액이 30%일 경우 최소보상금액은 8,120만 원이므로 2,320만 원이 증가한다.

33 ③

'#NULL!' 은 교차하지 않은 두 영역의 교차점을 참조 영역으로 지정하였을 경우 발생하는 오류 메시지이며, 잘못된 인수나 피연산자를 사용했을 경우 발생하는 오류 메시지는 #VALUE! 이다.

34 ⑤

'$'는 다음에 오는 셀 기호를 고정값으로 묶어 두는 기능을 하게 된다. A6 셀을 복사하여 C6 셀에 붙이게 되면, 'A'셀이 고정값으로 묶여 있어 (A)에는 A6 셀과 같은 '$A$1+$A2'의 값 10이 입력된다. (B)에는 '$'로 묶여 있지 않은 2행의 값 대신에 4행의 값이 대응될 것이다. 따라서 '$A$1+$A4'의 값인 9가 입력된다. 따라서 (A)와 (B)의 합은 19가 된다.

35 ②

제시된 내용은 엑셀에서 제공하는 스파크라인 기능에 대한 설명이다.

36 ③

COUNTBLANK 함수는 비어있는 셀의 개수를 세어준다. COUNT 함수는 숫자가 입력된 셀의 개수를 세어주는 반면 COUNTA 함수는 숫자는 물론 문자가 입력된 셀의 개수를 세어준다. 즉, 비어있지 않은 셀의 개수를 세어주기 때문에 이 문제에서는 COUNTA 함수를 사용해야 한다.

37 ①

LOOKUP은 LOOKUP(찾는 값, 범위 1, 범위 2)로 작성하여 구한다.
VLOOKUP은 범위에서 찾을 값에 해당하는 열을 찾은 후 열 번호에 해당하는 셀의 값을 구하며, HLOOKUP은 범위에서 찾을 값에 해당하는 행을 찾은 후 행 번호에 해당하는 셀의 값을 구한다.

38 ④

$n=1, A=3$
$n=1, A=2 \cdot 3$
$n=2, A=2^2 \cdot 3$
$n=3, A=2^3 \cdot 3$
…
$n=11, A=2^{11} \cdot 3$
∴ 출력되는 A의 값은 $2^{11} \cdot 3$이다.

39 ②

ROUND(number, num_digits)는 반올림하는 함수이며, ROUNDUP은 올림, ROUNDDOWN은 내림하는 함수이다. ROUND(number, num_digits)에서 number는 반올림하려는 숫자를 나타내며, num_digits는 반올림할 때 자릿수를 지정한다. 이 값이 0이면 소수점 첫째자리에서 반올림하고 −1이면 일의자리 수에서 반올림한다. 따라서 주어진 문제는 소수점 첫째자리에서 반올림하는 것이므로 ②가 답이 된다.

40 ①

RANK(number, ref, [order]) : number는 순위를 지정하는 수이므로 B2, ref는 범위를 지정하는 것이므로 $B$2:$B$8이다. oder는 0이나 생략하면 내림차순으로 순위가 매겨지고 0이 아닌 값을 지정하면 오름차순으로 순위가 매겨진다.

✏️ 기계일반(40문항)

41 ⑤

안티몬과 혼합하면 소성과 전기전도도가 감소한다.

42 ②

① 용접할 물체에 전류를 통하여 접촉부에 발생되는 전기
저항열로 모재를 용융상태로 만들어 외력을 가하여 접
합하는 용접방법이다.

③ 20KHz 정도의 초음파에 의해 발생된 고주파 진동에너
지에 의해 가압된 모재 사이에 존재하는 이물질을 제거
하고, 모재 사이의 틈새는 원자간 거리로 인하여 좁혀
지는 용접방법이다.

④ 용접할 물체의 접합면에 압력을 가한 상태로 상대적인
회전을 시켜 마찰발열로 접합부가 고온에 도달하였을
때 상대회전속도를 0으로 하고 가압력을 증가시켜 용접
하는 방법으로 마찰압접이라고도 한다.

⑤ 지름 10mm 이하의 강철 및 황동제의 스터드 볼트 등
과 같은 짧은 봉과 모재 사이에 보조링을 끼우고 봉에
압력을 가하여 통전시키면 스터드와 모재 사이에 아크
가 발생하여 1초 이내에 모재의 용접부분이 용융상태가
되고 보조링은 적열상태가 될 때 스터드에 가해진 압력
으로 인하여 모재가 밀착되고 전류는 자동차단되면서
용접하는 방법이다.

※ 플라즈마용접 … 고도로 전리된 가스체의 아크를 이용한
용접방법으로 이행형과 비이행형으로 분류하여 플라즈
마 아크와 플라즈마 제트로 구분한다. 용접에서는 열이
높은 플라즈마 아크를 주로 사용한다.

43 ②

아크용접에서 사용하는 불활성가스는 헬륨, 아르곤이다.

44 ②

$f = f_z \times z \times n$

f : 테이블의 이송 속도(mm/mim)

f_z : 밀링 커터날 1개의 이송(mm)

z : 밀링 커터 날의 수

n : 밀링 커터의 회전수(rpm)

45 ②

자동선반 … 선반의 작동을 자동화한 것으로 대량생산에 적
합하다.

46 ③

콜릿척 … 지름이 작은 가공물의 고정에 사용된다.

47 ③

정면선반 … 가공물의 길이가 비교적 짧고 지름이 큰 가공물
을 절삭하는 데 사용한다.

48 ④

센터리스연삭기의 장점

㉠ 깊이 이송이 거의 연속적이므로 연삭속도가 매우 빠르다.

㉡ 자동으로 조절이 가능하기 때문에 작업자의 기술이 거
의 필요하지 않다.

㉢ 공작물의 뒤틀림이 없어 정확한 치수를 얻을 수 있다.

㉣ 대형 연삭숫돌이 사용되어 숫돌의 마멸을 최소화 할 수
있다.

㉤ 센터를 필요로 하지 않으므로 센터구멍이 필요 없어 중
공의 원통을 연삭하는 데 편리하다.

㉥ 지름이 작은 공작물을 연속적으로 연삭할 수 있어 대량
생산에 적합하다.

49 ②

① 일반 주형을 용해할 때 사용하는 용해로의 종류이다.

③ 공작물을 테이블에 고정시키고 램의 선반에 위치한 공
구대에 고정시킨 바이트를 수평 왕복시켜 평면을 가공
하는 공작기계이다.

④ 정반 위에서 금을 긋거나 높이를 측정하는 데 사용하는
길이측정기이다.

⑤ 2개의 다리를 이용하여 제품의 치수를 재는 길이측정기
이다.

50 ④

마이크로미터 … 나사의 원리를 이용한 길이 측정기로 나사가 1회전하면 축방향으로 1피치만큼 이동하는 원리를 이용하였다.

51 ③

보통 주철은 주로 큐폴라에서 용해되며 가단주철, 합금주철, 구상흑연주철 등은 전기로에서 용해된다.

52 ⑤

강의 5대 원소

㉠ 규소(Si) : 강의 인장강도, 탄성한계, 경도 및 주조성을 좋게 하며, 연신율, 충격값, 전성, 가공성 등은 떨어진다.

㉡ 망간(Mn) : 황과 화합하여 적열취성을 방지하며, 결정성장을 방지하고 강도, 경도, 인성 및 담금질 효과를 증가시킨다.

㉢ 인(P) : 경도와 강도를 증가시키나 메짐과 가공시 균열의 원인이 된다.

㉣ 황(S) : 인장강도, 연신율, 충격치, 유동성, 용접성 등을 저하시키며 적열취성의 원인이 된다.

㉤ 구리(Cu) : 인장강도, 탄성한도, 내식성이 증가하나 압연시 균열의 원인이 된다.

53 ②

인바강 … 니켈(Ni) 36%, 탄소(C) 0.02% 이하, 망간(Mn) 0.4%가 주성분이며 줄자, 정밀기계부품, 시계 추 등의 재료로 사용되는 길이의 불변강이다.

54 ①

② 구리, 아연, 안티몬, 주석 등이 주성분인 합금으로 고온에서는 열전도율이 좋지 않으며 강도가 낮으나 취급이 용이하고 내부식성이 좋아 베어링에 사용한다.

③ 황동에 철이 첨가된 것으로 강인성, 내식성이 증가된다. 광산, 선박용, 화학기계 등에 사용한다.

④ 니켈에 크롬이 첨가된 것으로 열전대 재료에 사용한다.

⑤ 마그네슘에 알루미늄이 첨가된 것으로 주조성과 단조성이 좋다. 알루미늄의 양에 따라 경도, 연신율, 인장강도 등이 달라진다.

55 ④

구리합금

㉠ 황동 : 구리(Cu) + 아연(Zn)

㉡ 청동 : 구리(Cu) + 주석(Sn)

56 ②

다이캐스팅은 용융점이 낮은 금속을 대량으로 생산하는 특수주조법의 일종이다.

※ 다이캐스팅 … 기계가공하여 제작한 금형에 용융한 알루미늄, 아연, 주석, 마그네슘 등의 합금을 가압 주입하고 금형에 충진한 뒤 고압을 가하면서 냉각하고 응고시켜 제조하는 방법으로 주물을 얻는 주조법이다.

㉠ 융점이 낮은 금속을 대량으로 생산하는 특수주조법의 일종이다.

㉡ 분리선 주위로 소량의 플래시(flash)가 형성될 수 있다.

㉢ 표면이 아름답고 치수도 정확하므로 후가공 작업이 줄어든다.

㉣ 강도가 높고 치수정밀도가 높아 마무리 공정 수를 줄일 수 있으며 대량생산에 주로 적용된다.

㉤ 가압되므로 기공이 적고 치밀한 조직을 얻을 수 있으며 기포가 생길 염려가 없다.

㉥ 쇳물은 융점이 낮은 Al, Pb, Zn, Sn합금이 적당하나 주철은 곤란하다.

㉦ 제품의 형상에 따라 금형의 크기와 구조에 한계가 있으며 금형 제작비가 비싸다.

㉧ 축, 나사 등을 이용한 인서트 성형이 가능하다.

㉨ 고온챔버 공정과 저온챔버 공정으로 구분된다.

57 ②

인베스트먼트 주조법은 타 주조법에 비해서 생산비가 높은 편인지라 경제적이라고 보기에는 무리가 있다.

※ 인베스트먼트 주조 … 제품과 동일한 형상의 모형을 왁스나 합성수지와 같이 용융점이 낮은 재료로 만들어 그 주위를 내화성재료로 피복한 상태로 매몰한 다음 이를 가열하면 주형은 경화가 되고 내부의 모형은 용해된 상태로 유출이 되도록 하여 주형을 만드는 방법이다. 치수정밀도가 우수하여 정밀주조법으로 분류된다.

○ 복잡하고 세밀한 제품을 주조할 수 있다.
○ 주물의 표면이 깨끗하며 치수정밀도가 높다.
○ 기계가공이 곤란한 경질합금, 밀링커터 및 가스터빈 블레이드 등을 제작할 때 사용한다.
○ 모든 재질에 적용할 수 있고, 특수합금에 적합하다.
○ 패턴(주형)은 파라핀, 왁스와 같이 열을 가하면 녹는 재료로 만든다.
○ 패턴(주형)은 내열재로 코팅을 해야 한다.
○ 사형주조법에 비해 인건비가 많이 든다.
○ 생산성이 낮으며 제조원가가 다른 주조법에 비해 비싸다.
○ 대형주물에서는 사용이 어렵다.

58 ⑤

응력집중현상 완화법
○ 단면의 변화가 완만하게 변화하도록 테이퍼 지게 한다.
○ 몇 개의 단면 변화부를 순차적으로 설치한다.
○ 표면 거칠기를 정밀하게 한다.
○ 단이 진 부분의 곡률반지름을 크게 한다.
○ 응력집중부에 보강재를 결합한다.

59 ②

소재에 구멍을 파는 가공법은 드릴링이다.
• 밀링(milling) : 밀링 머신에 달린 밀링 커터를 회전시키면서 공작물을 절삭하는 가공법이다.
• 브로칭(broaching) : 브로치(각종 브로치를 사용하여 공작물의 표면 또는 구멍의 내면에 여러 가지 형태의 절삭가공을 실시하는 공작기계)라고 하는 특수한 공구를 사용하는 가공이다.
• 셰이핑(shaping) : 절삭공구가 공작물에 대해 왕복운동하며 공작물의 수평방향의 이송을 주어서 평면을 절삭하는 가공이다.
• 리밍(reaming) : 드릴을 사용하여 뚫은 구멍의 내면을 리머로 다듬는 작업이다.

60 ②

냉간가공의 특징
• 가공경화로 인해 강도가 증가하고 연신율이 감소한다.
• 큰 변형응력을 요구한다.
• 제품의 치수를 정확히 할 수 있다.
• 가공 면이 아름답다.
• 가공방향으로 섬유조직이 되어 방향에 따라 강도가 달라진다.

61 ④

묻힘 키(sunk key) … 벨트풀리 등의 보스(축에 고정시키기 위해 두껍게 된 부분)와 축에 모두 홈을 파서 때려 박는 키이다. 가장 일반적으로 사용되는 것으로, 상당히 큰 힘을 전달할 수 있다.

※ 키의 종류
○ 스플라인 키(spline key) : 축의 둘레에 여러 개의 키 홈을 깎아서 만든 것으로서 큰 동력을 전달할 수 있으며, 주로 자동차 등의 변속기어 축에 사용된다. (스플라인 : 큰 토크를 전달하기 위해 묻힘 키를 여러 개 사용한다고 가정하면 축에 여러 개의 키 홈을 파야 하므로 축의 손상에 따른 강도 저하는 물론 공작 또한 매우 어렵게 된다. 그러므로 강도저하를 방지하면서 큰 토크를 전달하기 위해 축 둘레에 몇 개의 키 형상을 방사상으로 가공하여 키의 기능을 가지도록 하는데 이렇게 가공한 축을 스플라인 축이라고 하고 보스에 가공한 것을 스플라인이라 한다.)
○ 안장 키(saddle key) : 축에는 가공하지 않고 축의 모양에 맞추어 키의 아랫면을 깎아서 때려 박는 키이다. 축에 기어 등을 고정시킬 때 사용되며, 큰 힘을 전달하는 곳에는 사용되지 않는다.
○ 납작 키(flat key) : 축의 윗면을 편평하게 깎고, 그 면에 때려 박는 키이다. 안장키보다 큰 힘을 전달할 수 있다.
○ 묻힘 키(sunk key) : 벨트풀리 등의 보스(축에 고정시키기 위해 두껍게 된 부분)와 축에 모두 홈을 파서 때려 박는 키이다. 가장 일반적으로 사용되는 것으로, 상당히 큰 힘을 전달할 수 있다.
○ 접선 키(tangent key) : 기울기가 반대인 키를 2개 조합한 것이다. 큰 힘을 전달할 수 있다.

ⓗ 페더 키(feather key) : 벨트풀리 등을 축과 함께 회전시키면서 동시에 축 방향으로도 이동할 수 있도록 한 키이다. 따라서 키에는 기울기를 만들지 않는다.

ⓢ 반달 키(woodruff key) : 반달 모양의 키. 축에 테이퍼가 있어도 사용할 수 있으므로 편리하다. 축에 홈을 깊이 파야 하므로 축이 약해지는 결점이 있다. 큰 힘이 걸리지 않는 곳에 사용된다.

ⓞ 미끄럼 키(sliding key) : 테이퍼가 없는 키이다. 보스가 축에 고정되어 있지 않고 축위를 미끄러질 수 있는 구조로 기울기를 내지 않는다.

ⓩ 평 키(flat key) : 축은 자리만 편편하게 다듬고 보스에 홈을 판 키로서 안장 키보다 강하다.

ⓒ 둥근 키(round key) : 단면은 원형이고 테이퍼핀 또는 평행핀을 사용하고 핀키(pin key)라고도 한다. 축이 손상되는 일이 적고 가공이 용이하나 큰 토크의 전달에는 부적합하다.

ⓚ 원뿔 키(cone key) : 마찰력만으로 축과 보스를 고정하며 키를 축의 임의의 위치에 설치가 가능하다.

62 ①

카르노 열기관의 효율 : $n = \dfrac{W}{Q} = 1 - \dfrac{300}{800} = 0.625$

$100MW = 0.625 \times 20 \times x$이므로 $x = 8$이 된다.

※ **카르노 효율** … 화력 발전에서, 두 개의 등온 변화와 두 개의 단열 변화로 기체를 변화시킨 후, 최초의 상태로 복귀시키는 카르노 순환의 열효율. 이 열효율은 기체의 종류에 관계없이 온도에 따라 일정하다.

63 ①

모듈 m은 피치원의 지름 D를 잇수 Z로 나눈 값이다. 중심거리는 다음의 식에 따라 150mm가 산출된다.

$C = \dfrac{D_A + D_B}{2} = \dfrac{m(Z_A + Z_B)}{2} = \dfrac{4(25 + 50)}{2}$

$\quad = 150\text{mm}$

64 ①

볼트의 종류

ⓗ 스터드 볼트 : 관통하는 구멍을 뚫을 수 없는 경우에 사용하는 것으로 볼트의 양쪽 모두 수나사로 가공되어 있는 머리 없는 볼트

ⓛ 관통 볼트 : 체결하고자 하는 두 재료에 구멍을 뚫고 볼트를 관통시킨 후 너트로 죄는 것

ⓒ 탭 볼트 : 볼트의 모양은 관통볼트와 같으나 체결하려는 한쪽이 두꺼워 관통하여 체결할 수 없을 경우 두꺼운 한쪽에 탭으로 암나사를 만들어 사용하지 않고 직접 체결하는 것

ⓔ T 볼트 : 머리가 T자형으로 된 볼트를 말하며, 공작기계에 일감이나 바이스 등을 고정시킬 때에 사용된다.

ⓜ 아이 볼트 : 물체를 끌어올리는데 사용되는 것으로 머리 부분이 도너츠 모양으로 그 부분에 체인이나 훅을 걸 수 있도록 만들어져 있다.

ⓗ 기초 볼트 : 기계나 구조물의 기초 위에 고정시킬 때 사용된다.

65 ④

사이클로이드 치형은 한 원의 안쪽 또는 바깥쪽을 다른 원이 미끄러지지 않고 굴러갈 때 구르는 원 위의 한 점이 그리는 곡선을 치형 곡선으로 제작한 기어이다. 빈 공간이라도 치수가 극히 정확해야 하고 전위절삭이 불가능하다.

66 ③

구성인선 방지대책

ⓗ 절삭 깊이를 작게 해야 한다.

ⓛ 바이트의 윗면경사각을 크게 해야 한다.

ⓒ 절삭속도를 되도록 빠르게 하는 것이 좋다.

ⓔ 윤활성이 높은 절삭유를 사용해야 한다.

ⓜ 공구반경을 되도록 작게 해야 한다.

ⓗ 마찰계수가 작은 절삭공구를 사용해야 한다.

ⓢ 이송을 되도록 적게 하는 것이 좋다.

ⓞ 공구면의 마찰계수를 줄여 칩의 흐름이 원활하도록 해야 한다.

ⓩ 피가공물과 친화력이 작은 공구 재료를 사용해야 한다.

67 ②

인장강도는 최대 공칭인장응력을 의미한다.

68 ④

원판 브레이크는 축과 일체로 회전하는 원판의 한면 또는 양 면을 유압 피스톤 등에 의해 작동되는 마찰패드로 눌러서 제동시키는 브레이크로 방열성, 제동력이 좋고, 성능도 안정적이기 때문에 항공기, 고속열차 등 고속차량에 사용되고, 일반 승용차나 오토바이 등에도 널리 사용된다. 축압 브레이크의 일종으로, 회전축 방향에 힘을 가하여 회전을 제동하는 제동 장치이다.

69 ①

- 압하량 : 압연 가공에서 소재를 압축해서 두께를 얇게 할 때 압연 전과 압연 후의 두께차이
- 압하율 : 압연이 된 정도를 나타내는 상대적 수치로서 압연전의 두께 대비 압연 후 두께의 감소량으로 나타낸다.

$$\frac{20-16}{20} \times 100 = 20\% 가 된다.$$

70 ①

열간 가공의 특징

- 동력이 적게 들어 경제적이다.
- 대량생산이 가능하다.
- 대형제품의 생산에 유리하다.
- 적은 동력으로 큰 변형을 줄 수 있다.
- 재료의 균일화가 이루어진다.

71 ②

밀링머신의 테이블의 분당이송속도는 커터의 날당 이송량, 커터의 날 수, 커터의 분당회전수를 모두 곱한 값이므로 400이 된다. [다음의 식을 참조할 것]

$f = f_s \times z \times n = 0.2 \times 2 \times 500 = 200$

f는 분당 이송속도, f_s는 날당 이송속도, z는 커터의 날 수, n은 커터의 회전속도

72 ②

① 탭 볼트 : 볼트의 모양은 관통볼트와 같으나 체결하려는 한쪽이 두꺼워 관통하여 체결할 수 없을 경우 두꺼운 한쪽에 탭으로 암나사를 만들어 사용하지 않고 직접 체결하는 것
③ 관통 볼트 : 체결하고자 하는 두 재료에 구멍을 뚫고 볼트를 관통시킨 후 너트로 죄는 것
④ 기초 볼트 : 기계나 구조물의 기초 위에 고정시킬 때 사용된다.
⑤ 스터드 볼트 : 관통하는 구멍을 뚫을 수 없는 경우에 사용하는 것으로 볼트의 양쪽 모두 수나사로 가공되어 있는 머리 없는 볼트

73 ②

스플라인 키(spline key)는 축의 둘레에 여러 개의 키홈을 깎아서 만든 것으로서 큰 동력을 전달할 수 있으며, 주로 자동차 등의 변속기어 축에 사용된다. (스플라인 : 큰 토크를 전달하기 위해 묻힘 키를 여러 개 사용한다고 가정하면 축에 여러 개의 키 홈을 파야 하므로 축의 손상에 따른 강도 저하는 물론 공작
또한 매우 어렵게 된다. 그러므로 강도저하를 방지하면서 큰 토크를 전달하기 위해 축 둘레에 몇 개의 키 형상을 방사상으로 가공하여 키의 기능을 가지도록 하는데 이렇게 가공한 축을 스플라인 축이라고 하고 보스에 가공한 것을 스플라인이라 한다.)

74 ②

인벌류트 치형은 원에 감은 실을 팽팽한 상태를 유지하면서 풀 때 실 끝이 그리는 궤적곡선(인벌류트 곡선)을 이용하여 치형을 설계한 기어이다. 중심거리는 약간의 오차가 있어도 무방하며 조립이 쉽다.

75 ③

① 소성은 물체에 변형을 준 뒤 외력을 제거해도 원래의 상태로 되돌아오지 않고 영구적으로 변형되는 성질이다.
② 탄성은 외력에 의해 변형된 물체가 외력을 제거하면 다시 원래의 상태로 되돌아가려는 성질이다.
④ 경도는 재료 표면의 단단한 정도를 나타낸다.
⑤ 연성은 탄성한도 이상의 외력이 가해졌을 때 파괴되지 않고 잘 늘어나는 성질이다.

76 ④

구성인선을 감소시키려면 공구의 경사각을 크게 해야 한다.

77 ④

냉매가 갖추어야 할 조건

㉠ 저온에서도 대기압 이상의 포화증기압을 갖고 있어야 한다.

㉡ 상온에서는 비교적 저압으로도 액화가 가능해야 하며 증발 잠열이 커야 한다.

㉢ 냉매가스의 비체적이 작을수록 좋다.

㉣ 임계온도는 상온보다 높고, 응고점은 낮을수록 좋다.

㉤ 화학적으로 불활성이고 안정하며 고온에서 냉동기의 구성 재료를 부식, 열화 시키지 않아야 한다.

㉥ 액체 상태에서나 기체 상태에서 점성이 작아야 한다.

78 ②

② 관경을 크게 하고 유속을 낮춘다.

79 ⑤

복잡하고 미세한 형상 가공이 용이하다.

80 ④

드레싱(dressing) … 연삭숫돌의 입자가 무디어지거나 눈메움이 생기면 연삭능력이 떨어지고 가공물의 치수 정밀도가 저하되므로 예리한 날이 나타나도록 공구로 숫돌 표면을 가공하는 것

① 트루잉(truing) : 연삭면을 숫돌과 축에 대하여 평행 또는 일정한 형태로 성형시키는 작업이다.

② 글레이징(glazing) : 숫돌바퀴의 입자가 탈락되지 않고 마멸에 의해 납작해진 현상이다.

③ 로딩(loading) : 눈메움이라고도 한다. 숫돌입자의 표면이나 기공에 칩이 끼여 있는 현상이다.

⑤ 스필링(spilling) : 결합제의 힘이 약해서 작은 절삭력이나 충격에 쉽게 입자가 탈락하는 것이다.